MÉTRO-GUIDE

INDICATEUR COMPLET

Fournissant tous les Renseignements nécessaires au Voyageur sur le

MÉTROPOLITAIN DE PARIS

Contenant les noms des stations, leur emplacement exact, les rues avoisinantes, les lignes d'omnibus et de tramways qui y correspondent, les places de fiacres, les Administrations, Théâtres, Cafés, Hôtels et Commerçants qui se trouvent à proximité.

DIRECTION ET ADMINISTRATION

10, RUE DES BONS-ENFANTS — PARIS (1er)

MÉTRO-GUIDE

INDICATEUR COMPLET

Fournissant tous les Renseignements nécessaires au Voyageur sur le

MÉTROPOLITAIN DE PARIS

Contenant les noms des stations, leur emplacement exact, les rues avoisinantes, les lignes d'omnibus et de tramways qui y correspondent, les places de fiacres, les Administrations, Théâtres, Cafés, Hôtels et Commerçants qui se trouvent à proximité.

DIRECTION ET ADMINISTRATION
12, RUE DES BONS-ENFANTS — PARIS (1er)

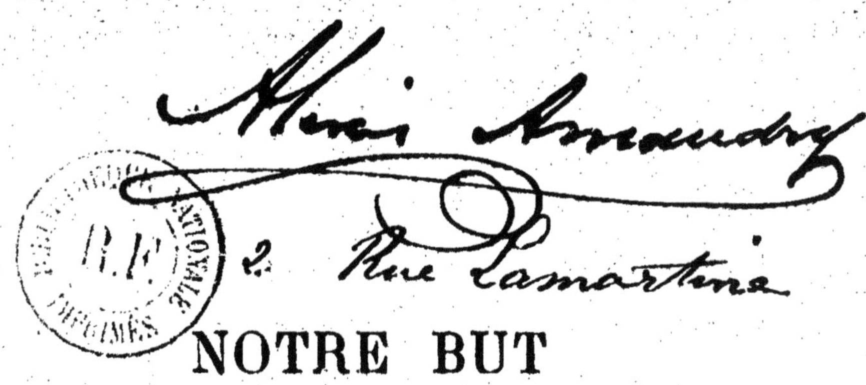

NOTRE BUT

Il arrive aux plus anciens Parisiens de se demander où se trouve telle ou telle rue et quel chemin, quel omnibus il leur faut prendre pour y arriver.

A plus forte raison est-on embarrassé avec le Métropolitain qui circule sous terre. Les noms des stations ne donnent point une indication suffisante. Pour aller, par exemple, rue du Temple, faut-il prendre Saint-Paul ou Châtelet ? Pour aller rue de Berri, est-ce Marbeuf ou Champs-Elysées ? Et si l'on a besoin de s'arrêter dans un café, d'aller à une pharmacie, de faire une emplette quelconque, où s'adressera-t-on en sortant de la station ?

Le Guide que nous présentons ici, remédiera à toutes ces difficultés. Il vous dira l'endroit précis où se trouve chaque station, les rues auxquelles elle donne accès, les monuments qui sont à proximité, les lignes d'omnibus que vous pouvez y prendre, les bureaux de poste, de police, d'administration, le café où vous pouvez donner un rendez-vous, le restaurant où vous pouvez déjeuner, le théâtre le plus voisin, les commerçants, etc., etc.

En consultant son Guide, on circulera dans le Métropolitain souterrain, aussi bien renseigné que si l'on était sur l'impériale d'un omnibus, voyant les maisons et les enseignes et pouvant descendre exactement où l'on veut.

Il rendra donc de grands services, non seulement aux étrangers, mais aux Parisiens qui prennent le Métropolitain parce qu'il va vite et qui ne perdront pas en vaines recherches le temps qu'il leur aura fait gagner.

Ligne de Vincennes à la Porte-Maillot

NOMS DES STATIONS

avec la distance entre chacune d'elles et la durée du trajet

Noms des Stations	Distance entre elles	Durée m. s.
Vincennes	»	»
Nation	881,64	2 »
Reuilly	823,85	1 40
Lyon	826,32	1 40
Bastille	881,38	2 15
Saint-Paul	767,52	1 40
Hôtel-de-Ville	590,11	1 15
Châtelet	571,51	1 15
Louvre	456,61	1 »
Palais-Royal	359,49	0 50
Tuileries	515,40	1 »
Concorde	426,54	0 50
Champs-Elysées	809,68	1 45
Marbeuf	548,08	1 5
Alma	549,97	0 55
Etoile	493,21	1 45
Obligado	445,28	1 25
Maillot	383,75	0 55

Distance totale : 10 k. 330 m. 34. — Durée du trajet : Environ 30 minutes

HORAIRE

En semaine :

Départs de Vincennes : Toutes les 3 minutes, de 5 h. 30 matin à 9 h. 12 matin ; toutes les 4 minutes de 9 h. 12 matin à

1.

3 h. 22 soir ; toutes les 3 minutes de 3 h. 22 soir à 8 h. 16 soir ; toutes les 4 minutes de 8 h. 16 soir à 9 h. 6 soir ; toutes les 6 minutes de 9 h. 6 soir à minuit 30 (dernier départ).

Départs de la Porte-Maillot : Toutes les 6 minutes de 5 h. 30 matin à 6 heures matin ; toutes les 3 minutes de 6 heures matin à 9 h. 46 matin ; toutes les 4 minutes de 9 h. 46 matin à 3 h. 56 soir ; toutes les 3 minutes de 3 h. 56 soir à 8 h. 49 soir ; toutes les 4 minutes de 8 h. 49 soir à 9 h. 13 soir ; toutes les 6 minutes de 9 h. 13 soir à minuit 30 (dernier départ).

Dimanches et Fêtes :

Départs de Vincennes : Toutes les 6 minutes, de 5 h. 30 matin à 7 h. 50 matin ; toutes les 4 minutes de 7 h. 50 matin à 11 h. 42 matin ; toutes les 3 minutes de 11 h. 42 matin à 8 heures soir ; toutes les 4 minutes de 8 heures soir à 10 h. 1 soir ; toutes les 4 et 5 minutes de 10 h. 1 soir à minuit 30 (dernier départ).

Départs de la Porte-Maillot : Toutes les 6 minutes de 5 h. 30 matin à 8 h. 8 matin ; toutes les 4 minutes de 8 h. 8 matin à midi 12 ; toutes les 3 minutes de midi 12 à 8 h. 31 soir ; toutes les 4 minutes de 8 h. 31 soir à 9 h. 19 soir ; toutes les 4 et 5 minutes de 9 h. 19 soir à minuit 30 (dernier départ).

PRIX DES PLACES

1re Classe : 0 fr. 25 ; 2e Classe : 0 fr. 15.

Le matin, jusqu'à 9 heures, billets d'aller et retour, en 2e classe seulement, valables toute la journée pour le retour ; prix : **0 fr. 20.**

VINCENNES

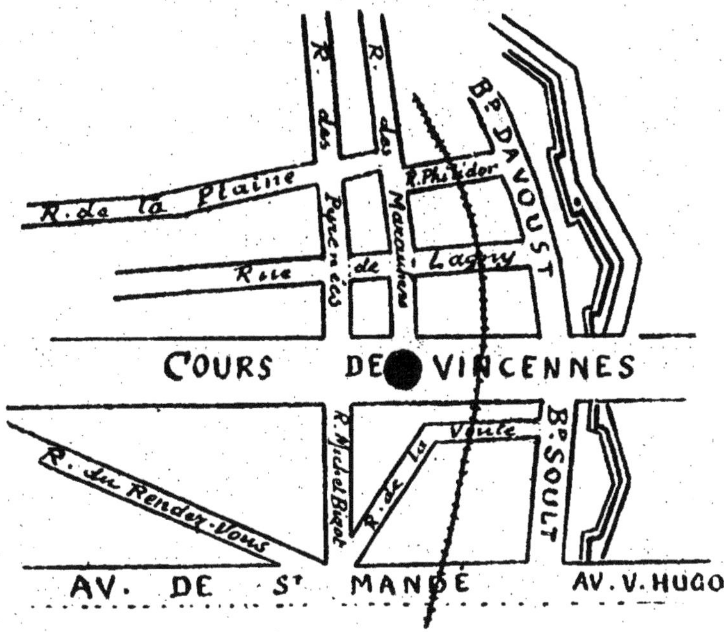

Station de départ : Cours de Vincennes ; un peu avant le pont du Chemin de fer de Ceinture, sur la limite des XIIe arrondissement (Reuilly) et XXe arrondissement (Ménilmontant).

Rues voisines : Cours de Vincennes, boulevard Soult, boulevard Davoust, rue du Gabon, rue de la Voûte, avenue de Saint-Mandé, rue Michel-Bizot, rue des Maraîchers, rue des Pyrénées, rue de Lagny.

Chemin de fer de Ceinture. — Station de l'Avenue de Vincennes.

Tramways et omnibus. — Cours de Vincennes-Louvre, Cours de Vincennes-St-Augustin, Porte de Vincennes à Champigny, Porte de Vincennes à Gagny, Porte de Vincennes à la Maltournée, Porte de Vincennes à Noisy-le-Grand, Porte de Vincennes à Ville-Evrard et Maison-Blanche.

Station de voitures.

Mairies. — Du XIIe, avenue Daumesnil, 130 ; du XXe, place Gambetta, 6.

Commissariats de police. — Bel-Air (XIIe), rue Bignon, 3 ; Charonne (XXe), rue Alexandre-Dumas, 194.

Postes de police. — Bel-Air, rue du Rendez-Vous, 11, Charonne, au commissariat.

Avertisseur d'incendie. — Cours de Vincennes, angle du passage de la Voûte.

Bureaux de poste. — Rue du Rendez-Vous, 36.

Médecins. —

Pharmaciens. —

Hôtels. —

Cafés. —

Restaurants. —

Bureaux de tabac. —

Coiffeurs. —

Modes et nouveautés. —

Bijoutiers. —

Libraires. —

Magasins. —

PLACE DE LA NATION

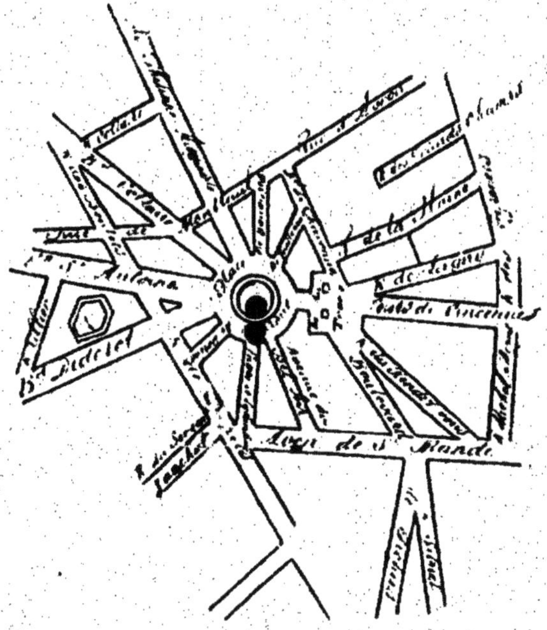

Embarcadère. — Sur le côté droit de la place en arrivant de Paris.

Rues avoisinantes. — Faubourg St-Antoine, boulevard de Bouvines, avenue de Taillebourg, avenue du Trône, rue de Lagny, boulevard de Picpus, rue des Colonnes-du-Trône, avenue du Bel-Air, rue Fabre-d'Eglantine, rue Jaucourt, rue Dorian, boulevard Diderot.

Tramways et omnibus. — Lignes de la Place de la Nation à la Gare de Sceaux, Place de la Nation-Place Valhubert, Place de la Nation à la Villette, Vincennes-Louvre, Vincennes-St-Augustin.

Station de voitures.

Mairies. — Du XIIe, rue Bignon, 3; du XIe, place Voltaire.

Commissariats de police. — Picpus, rue Bignon, 3; Ste-Marguerite, rue de Chanzy, 21.

Postes de police. — A la mairie du XIIe; Faubourg Saint-Antoine au carrefour Montreuil.

Avertisseur d'incendie. — Place de la Nation, à l'angle du faubourg Saint-Antoine.

Bureau de poste. — Boulevard Diderot, 19; rue Alexandre-Dumas, 1.

Monuments. — Au centre de la place, le « Triomphe de la République », de Dalou ; sur le Cours de Vincennes, les deux colonnes supportant Philippe-Auguste et Saint-Louis.

Ecole municipale Arago. — Place de la Nation, 4.

Médecins. —

Pharmaciens.

Dentiste. —

Hôtels. —

Cafés. —

Restaurants. —

Bureaux de tabac. —

Coiffeur. —

Modes et Nouveautés. —

Bijoutiers. —

Libraire. —

REUILLY

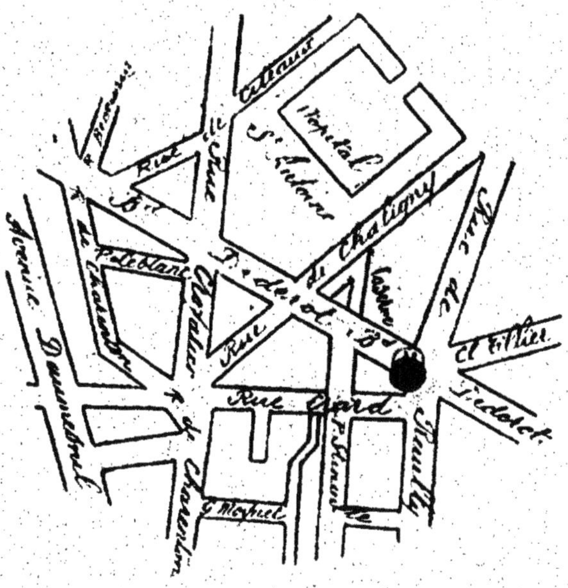

LYON

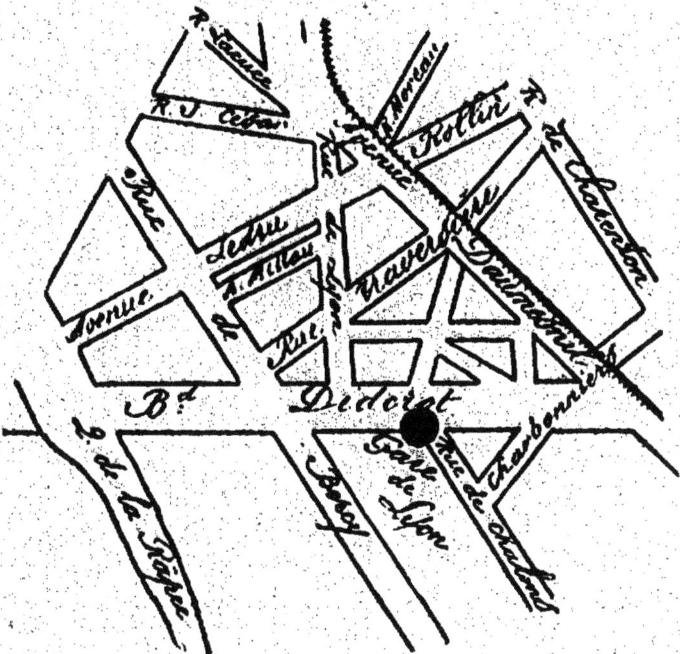

Rue
Ledru
Rollin
Avenue
de
Rue
de
Lyon
Bd
Diderot
Q. de la Rapée
Bercy
Gare
de
Lyon
Rue de Chalon
R. de Charenton

BASTILLE

Bd BEAUMARCHAIS
Bd RICH. LENOIR
R. de la Roquette
de Charonne
Bd HENRI IV
Bd BOURDON
Bd DE LA BASTILLE
MORLAND
LEDRU
ROLLIN
AV.
AV. DAUMESNIL
Rue
Antoine

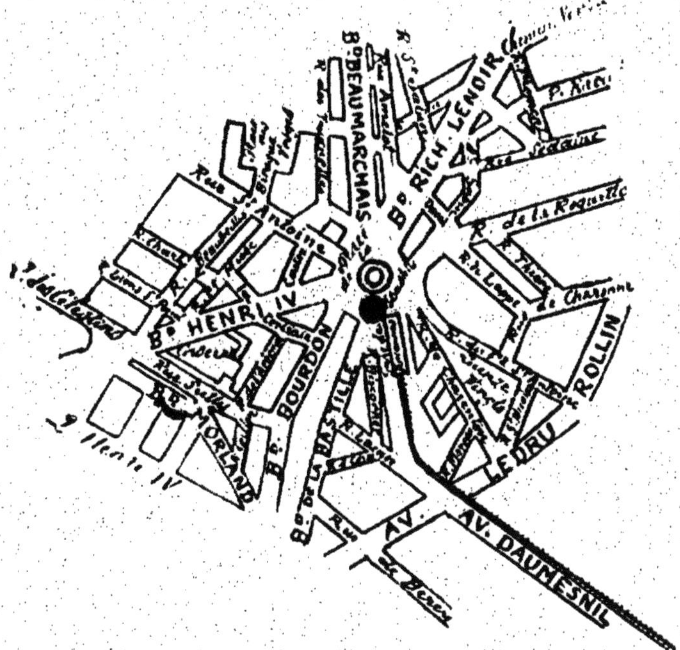

SAINT-PAUL

R. Payenne
Turenne
Rue des Francs Bourgeois
R. Pas de la Mule
Pl. des Vosges
R. de Turenne
Rue de Rivoli
Charlemagne
Rue de l'Hôtel de Ville
Q. de l'Hôtel de Ville
Q. des Célestins
Bd Henri IV

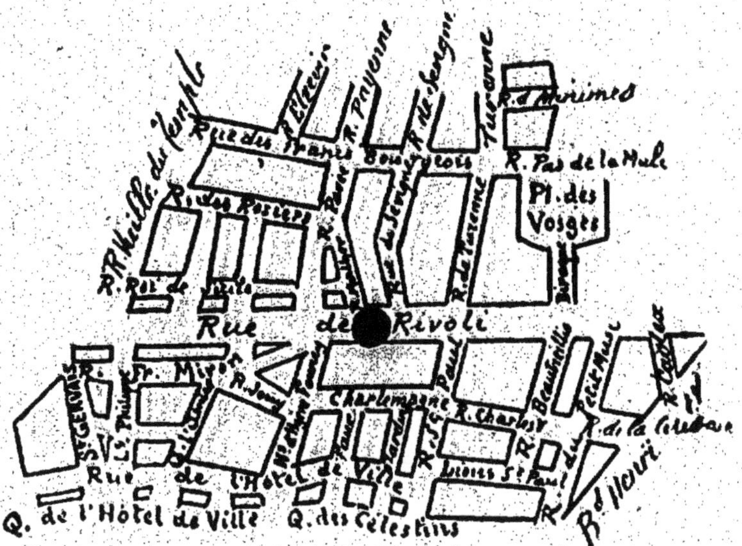

HOTEL-DE-VILLE

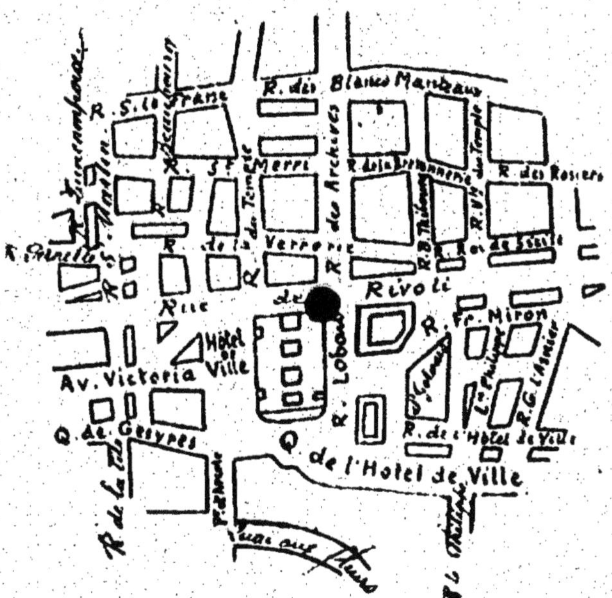

CHATELET

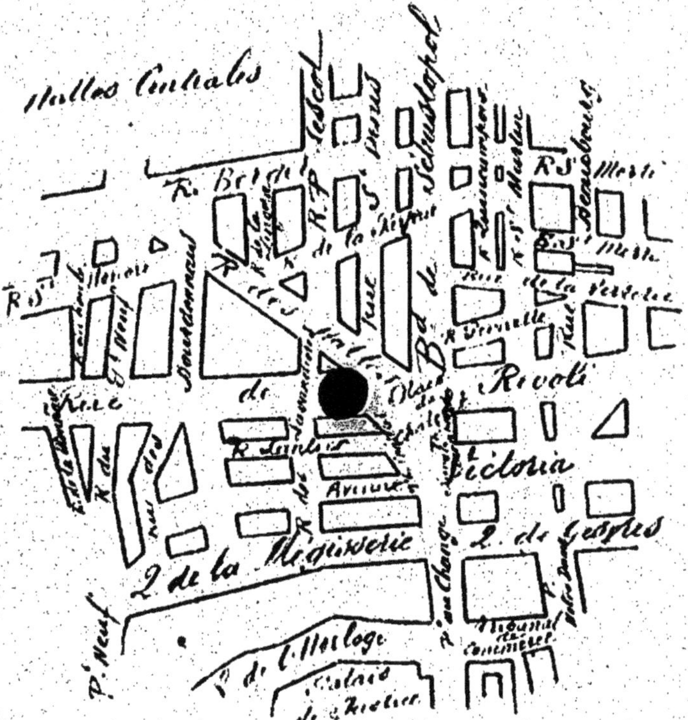

Halles Centrales
R. Berger
Bd de Sebastopol
Rivoli
Victoria
Q. de la Mégisserie
Q. de Gesvres
P. au Change
P. Neuf
Q. de l'Horloge
Palais de Justice
Tribunal de Commerce

LOUVRE

Rue du Pont Neuf
R. du Roule
Rue de la Monnaie
l'Arbre Sec
Rue Saint
Rue de
Rue du Louvre
Louvre
Honoré
Rivoli

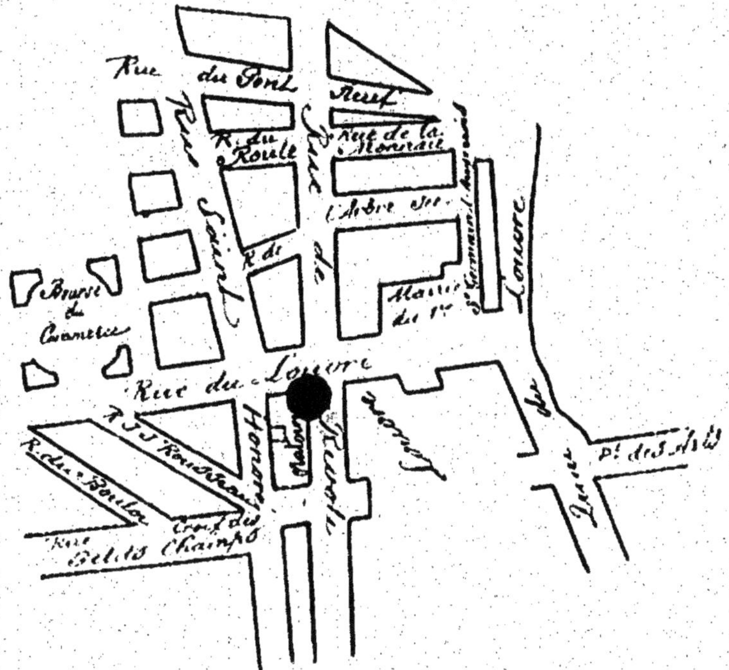

PALAIS-ROYAL

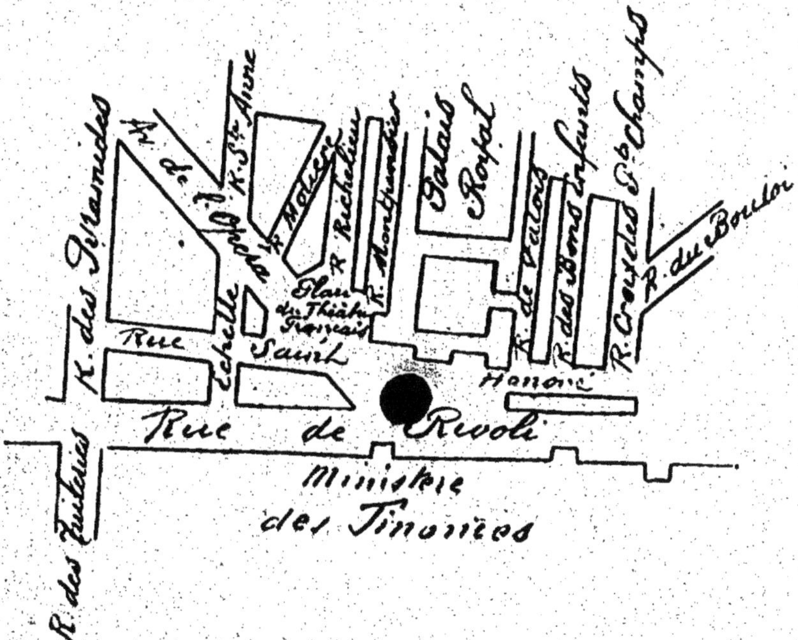

TUILERIES

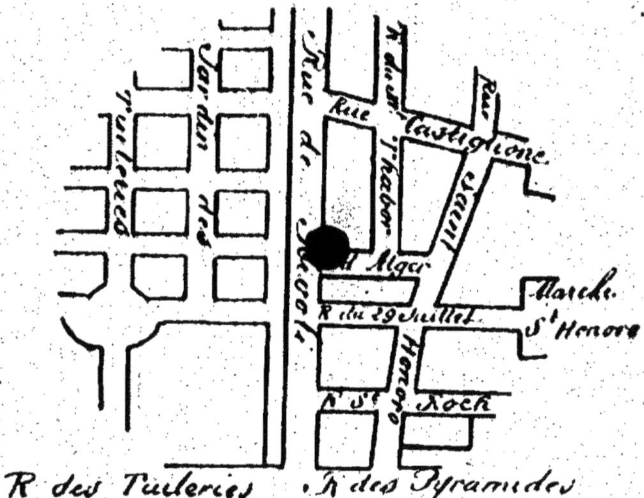

Jardin des Tuileries
Rue Castiglione
R. d'Alger
R. du 29 Juillet
Marché St Honoré
Honoré
R. St Roch
R des Tuileries
R des Pyramides

CONCORDE

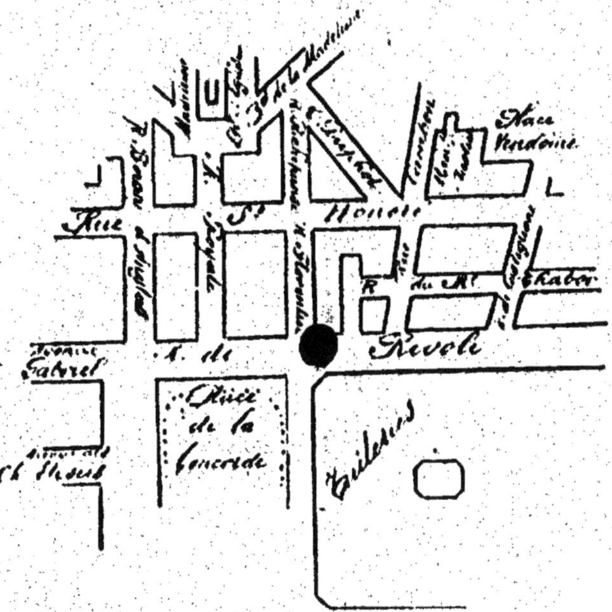

CHAMPS-ÉLYSÉES

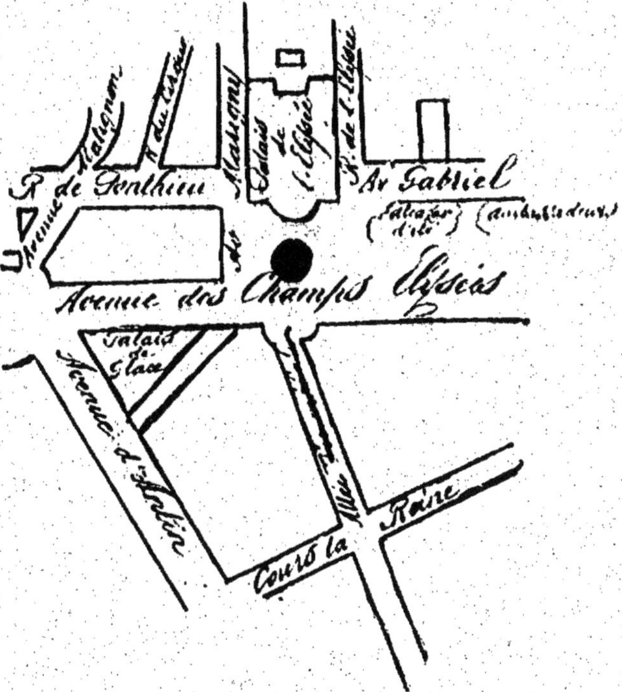

MARBEUF

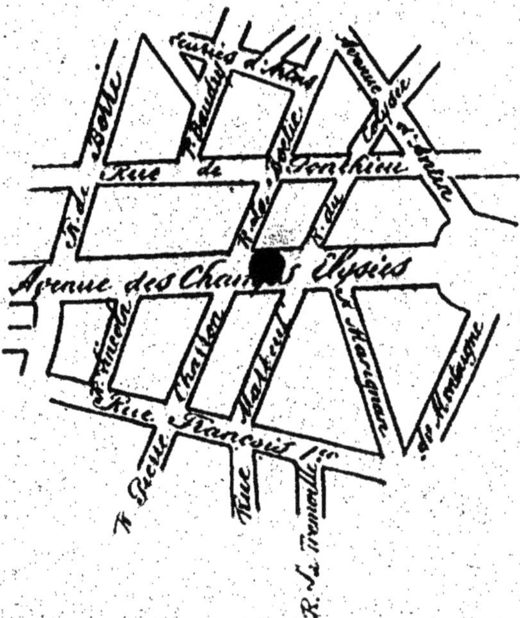

ALMA

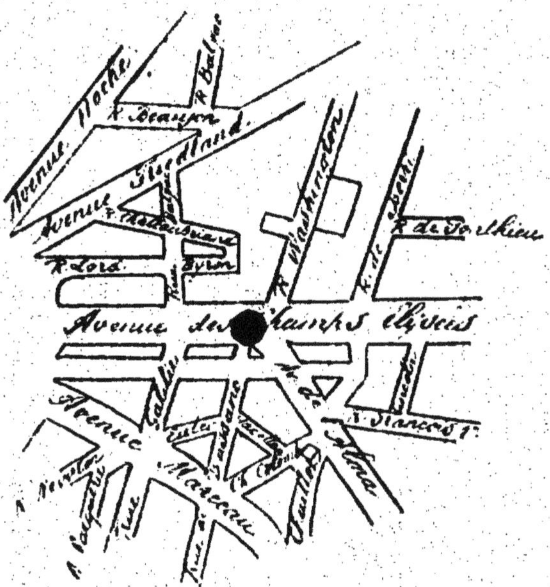

Avenue Hoche
R. Beaujon
R. Balzac
Avenue Friedland
R. Washington
R. Lord Byron
Avenue des Champs Élysées
Avenue Marceau
Av. de l'Alma
R. François 1er

PLACE DE L'ÉTOILE

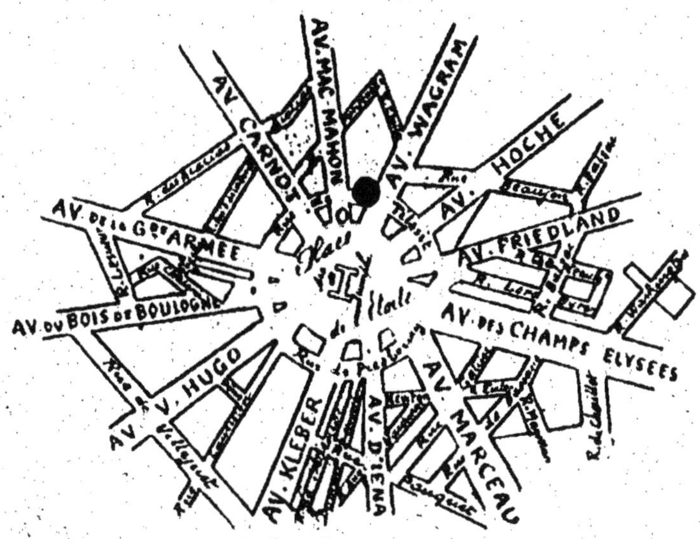

Embarcadère. — Entre l'avenue de Wagram et l'avenue Mac-Mahon.

Rues avoisinantes. — Avenue des Champs-Elysées, rue du Bel-Retiro, avenue de Friedland, avenue Hoche, rue Beaujon, avenue de Wagram, rues Troyon, Brey, de l'Etoile, avenue de Mac-Mahon, rue de Montenotte, avenue Carnot, rue Anatole de la Forge, avenue de la Grande-Armée, rue Rude, avenue du Bois-de-Boulogne, avenue Victor-Hugo, rue Lauriston, avenue Kléber, rue de La Pérouse, rue Dumont d'Urville, avenue d'Iéna, avenue Marceau, rue Galilée, rue Vernet. Sur la place : rues de Tilsitt et de Presbourg.

Tramways et omnibus. — Etoile à La Villette, au Trocadéro, à Montparnasse, à Courbevoie, à Saint-Germain-en-Laye, Rueil, le Vésinet et Nanterre, Taitbout à la Muette, Saint-Ouen au Champ-de-Mars.

Station de voitures. —

Mairies. — Du VIIIe, rue d'Anjou, 11 ; du XVIe, avenue Henri-Martin, 71 ; du XVIIe, rue des Batignolles, 18.

Commissariats de police. — Champs-Elysées, Grand-Palais, avenue d'Antin ; Faubourg-du-Roule, rue La Boëtie, 90 ;

Chaillot, rue du Bouquet de Longchamp, 4; Ternes, rue Fourcroy, 3.

Postes de police. — Aux commissariats ci-dessus.

Avertisseurs d'incendie. — Avenue Kléber, 18; avenue Marceau, 69.

Bureaux de poste. — Avenue Marceau, 29; avenue de Friedland, 21.

Monument. — L'Arc de Triomphe de l'Étoile.

Médecin. —

Pharmacien. —

Dentiste. —

Hôtels. —

Cafés-restaurants. —

Bureaux de tabac. —

Coiffeur. —

Tattersall français. —

OBLIGADO

R. d'Armaillé
R. St Ferdinand
R. des Acacias
Av. Carnot
Av. de la Gde Armée
Obligado
Pl. de l'Etoile
Av. du Bois de Boulogne

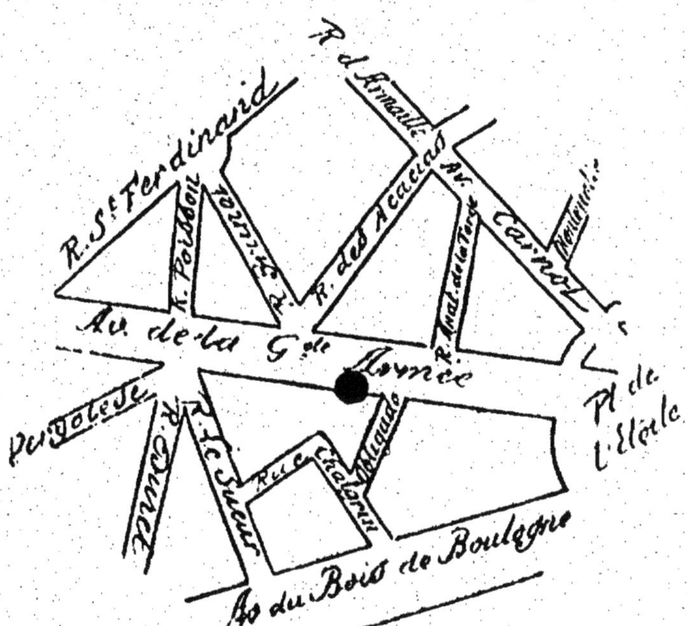

PORTE-MAILLOT

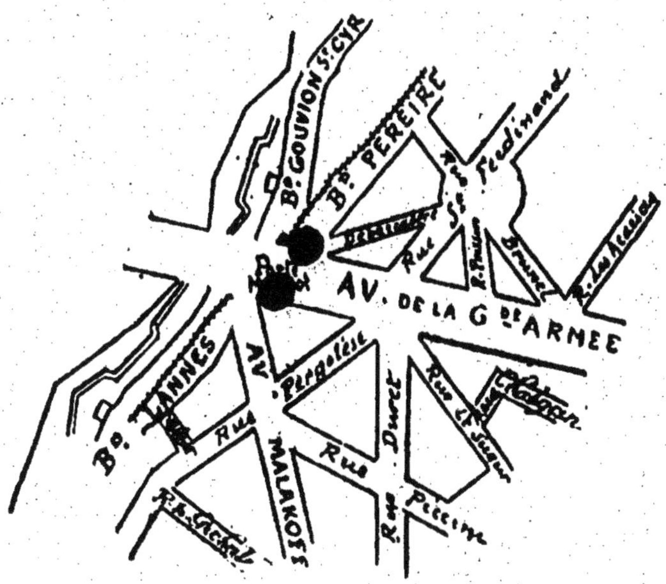

Embarcadère. — Des deux côtés de l'avenue de la Grande-Armée.

Rues avoisinantes. — Boulevard Gouvion-Saint-Cyr, boulevard Lannes, boulevard Pereire, avenue Malakoff, rue Saint-Ferdinand, rue Pergolèse, rue Duret, rue Le Sueur, rue Poisson.

Chemin de fer. — De Ceinture, station de la Porte-Maillot.

Tramways et omnibus. — Etoile à Saint-Germain-en-Laye, Porte-Maillot à Saint-Denis, Madeleine à Neuilly et à Courbevoie, Bois-de-Boulogne à Val-d'or-Saint-Cloud, Tramway du Jardin d'Acclimatation.

Station de voitures. — Sur l'esplanade, devant la Porte-Maillot.

Mairies. — Du XVIe, 71, avenue Henri-Martin; du XVIIe, 18, rue des Batignolles.

Commissariats de Police. — De Chaillot, 4, rue du Bouquet de Longchamp; des Ternes, 3, rue de Fourcroy.

Postes de Police. — Aux commissariats.

Avertisseurs d'incendie. — Avenue de la Grande-Armée, 40 et 78.

Théâtres et Concerts. — *Printania*, à la Porte-Maillot.

Médecin. —

Pharmaciens. —

Hôtels. —

Cafés-Restaurants. —

Bureaux de tabac. —

Garages et location d'automobiles. —

Modes. —

Appareils d'éclairage et de chauffage. —

Ligne de la Porte-Dauphine à la Place de la Nation

NOMS DES STATIONS

avec la distance entre chacune d'elles et la durée du trajet

Noms des Stations	Distance entre elles	Durée m. s.
Dauphine	»	»
Victor-Hugo	612,84	1 15
Etoile	961,04	2 20
Ternes	457,14	1 5
Courcelles	415,56	0 55
Monceau	322,14	0 50
Villiers	471,60	1 15
Rome	548,96	1 15
Clichy	506,17	1 10
Blanche	422,94	1 15
Pigalle	401,16	0 40
Anvers	460,02	0 45
Barbès	430,20	0 55
La Chapelle	724,67	1 29
Aubervilliers	306,87	0 40
Allemagne	514,87	1 30
Combat	518,18	1 »
Belleville	603,34	1 25
Couronnes	656,79	0 45
Ménilmontant	466,13	0 45
Père-Lachaise	538,12	1 »
Philippe-Auguste	550,15	1 25
Bagnolet	377,73	0 40
Avron	491 »	1 »
Nation	607,73	1 30

Distance totale : 12 k. 255 m. 35. — Durée du trajet : Environ 33 minutes

HORAIRE

En semaine :

Départs de la Place de la Nation : Toutes les 4 minutes de 5 h. 30 matin à 6 h. 30 matin ; toutes les 3 et 4 minutes de 6 h. 30 matin à 8 h. 57 matin ; toutes les 5 minutes de 8 h. 57 matin à midi 2 ; toutes les 4 et 5 minutes de midi 2 à 4 h. 41 soir ; toutes les 3 et 4 minutes de 4 h. 41 soir à 6 h. 47 soir ; toutes les 4 et 5 minutes de 6 h. 47 soir à 7 h. 59 soir ; toutes les 5 et 6 minutes de 7 h 59 soir à 9 h. 5 soir ; toutes les 6 et 7 minutes de 9 h. 5 soir à minuit 30 (dernier départ).

Départs de la Porte Dauphine : Toutes les 4 minutes de 5 h. 30 matin à 6 h. 38 matin ; toutes les 3 et 4 minutes de 6 h. 38 matin à 8 h. 58 matin ; toutes les 5 minutes de 8 h. 58 matin à midi 3 ; toutes les 4 et 5 minutes de midi 3 à 5 heures soir ; toutes les 3 et 4 minutes de 5 heures soir à 6 h. 52 soir ; toutes les 4 et 5 minutes de 6 h. 52 soir à 8 h. 13 soir ; toutes les 5 et 6 minutes de 8 h. 13 soir à 9 h. 5 soir ; toutes les 6 et 7 minutes de 9 h. 5 soir à minuit 30 (dernier départ).

Dimanches et Fêtes :

Départs de la Place de la Nation : Toutes les 6 et 7 minutes de 5 h. 30 matin à 8 h. 6 matin ; toutes les 5 minutes de 8 h. 6 matin à 10 h. 36 matin ; toutes les 3 et 4 minutes de 10 h. 36 matin à 7 h. 42 soir ; toutes les 5 et 6 minutes de 7 h. 42 soir à minuit 30 (dernier départ).

Départs de la Porte Dauphine : Toutes les 6 et 7 minutes de 5 h. 30 matin à 8 h. 6 matin ; toutes les 5 minutes de 8 h. 6 matin à 10 h. 51 matin ; toutes les 3 et 4 minutes de 10 h. 51 matin à 7 h. 57 soir ; toutes les 5 et 6 minutes de 7 h. 57 soir à minuit 30 (dernier départ).

PRIX DES PLACES

1re Classe : 0 fr. 25 ; 2e Classe : 0 fr. 15

Le matin, jusqu'à 9 heures, billets d'aller et retour, en 2e classe seulement, valables toute la journée pour le retour ; prix : **0 fr. 20.**

PORTE DAUPHINE

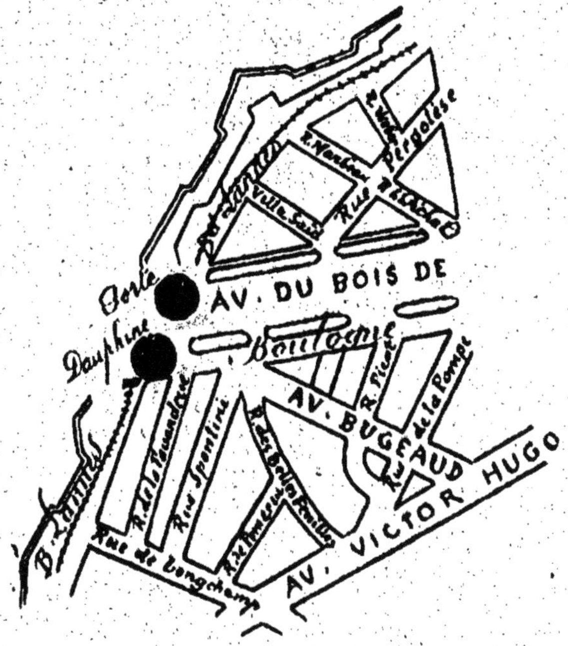

Embarcadères. — Des deux côtés de l'avenue du Bois de Boulogne.

Rues avoisinantes. — Avenue Bugeaud, boulevard Lannes, rue de la Faisanderie, rue Spontini, rue Crevaux, square du Bois de Boulogne, villa Saïd, rue Lalo, rue Marbeau, rue Pergolèse.

Chemin de fer. — De Ceinture, station de l'avenue du Bois de Boulogne.

Station de voitures. —

Mairie. — Du XVIe, 71, avenue Henri-Martin.

Commissaire de police. — De la Porte Dauphine, rue Mesnil, 14.

Poste de police. — Au Commissariat.

Avertisseurs d'incendie. — Avenue du Bois de Boulogne, angle de l'avenue de Malakoff; avenue Bugeaud, 51; rue de la Faisanderie, 42 *bis*.

Bureau de Poste. — Place Victor-Hugo, en suivant l'avenue Bugeaud.

Administrations publiques. — Caserne de Gendarmerie, sur le bastion.

Médecins. —

Pharmaciens. —

Cafés-Restaurants. —

Bureaux de tabac. —

Librairies —

VICTOR-HUGO

PLACE DE L'ÉTOILE

(Voir page 37).

TERNES

COURCELLES

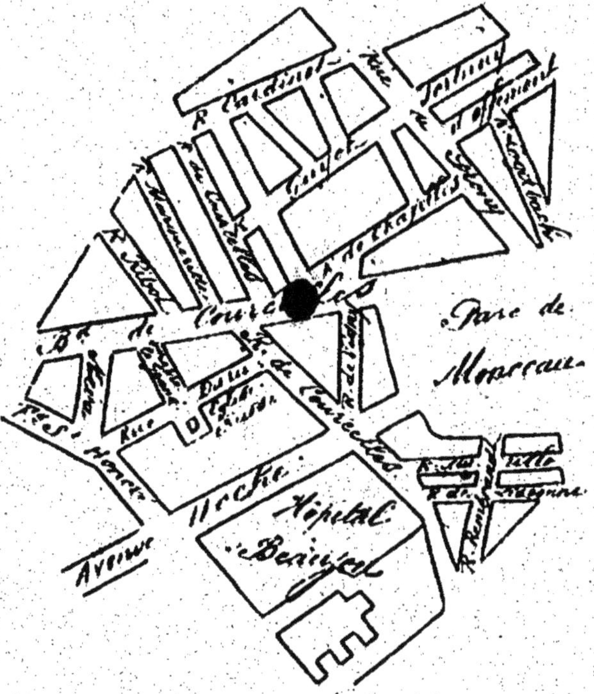

Parc de
Monceau
Hôpital
Beaujon
Avenue
Hoche
R. de Courcelles
Bd de Courcelles

MONCEAU

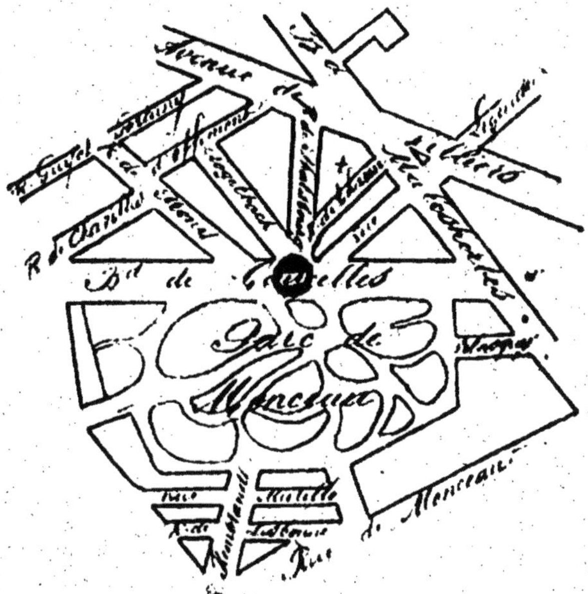

VILLIERS

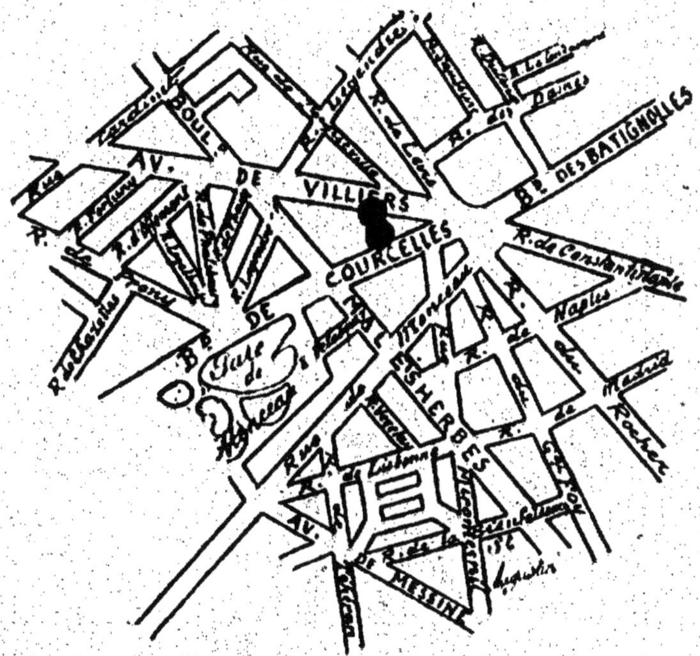

Embarcadère. — A la station de la ligne Dauphine-Nation, à l'angle du boulevard de Courcelles et de l'avenue de Villiers.

Rues avoisinantes. — Boulevard de Courcelles, avenue de Villiers, rue de Tocqueville, rue Lévis, rue Geoffroy-Didelot, boulevard des Batignolles, rue Monceau, rue de Miromesnil, rue du Rocher.

Tramways et omnibus. — Panthéon-Courcelles, Bastille-Wagram, Madeleine à Levallois-Perret, Asnières et Colombes, Etoile-Villette, Trocadéro-Villette.

Station de voitures. — Sur le boulevard.

Mairie. — Du XVIIe arrondissement, 18, rue des Batignolles.

Commissaire de Police. — De la Plaine-Monceau, boulevard Malesherbes, 132.

Poste de Police. — Au commissariat.

Avertisseur d'incendie. — Avenue de Villiers, à l'angle de la rue de Lévis.

Bureaux de poste. — Rue des Batignolles, 28; rue Legendre, 183.

Collège. — Chaptal, en face de la station.

Théâtres et Concerts. — Théâtre des Batignolles, boulevard des Batignolles.

Banques. — Comptoir d'Escompte, 1, avenue de Villiers; Crédit Lyonnais, 5, boulevard de Courcelles.

Médecins. —

Pharmaciens. —

Dentistes. —

Restaurants. —

Cafés. —

Bureaux de tabac. —

Coiffeurs. —

Nouveautés. —

Modes. —

Libraires. —

ROME

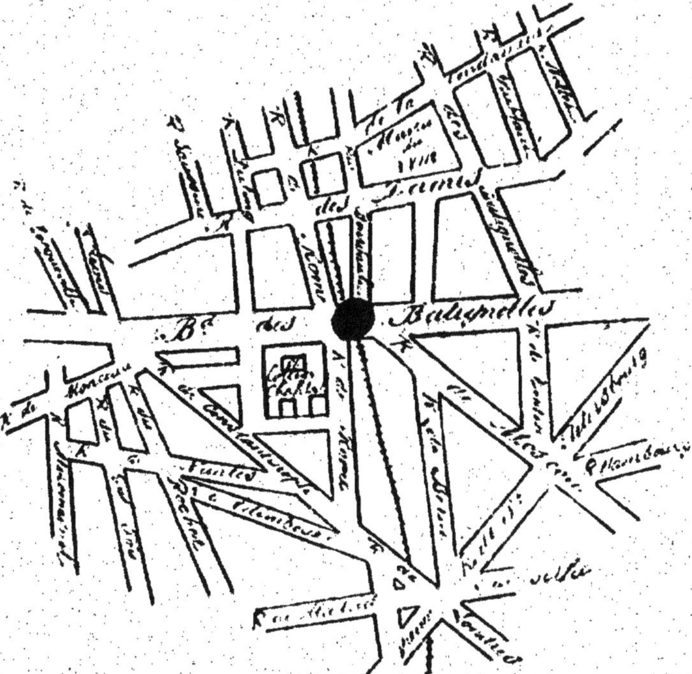

CLICHY

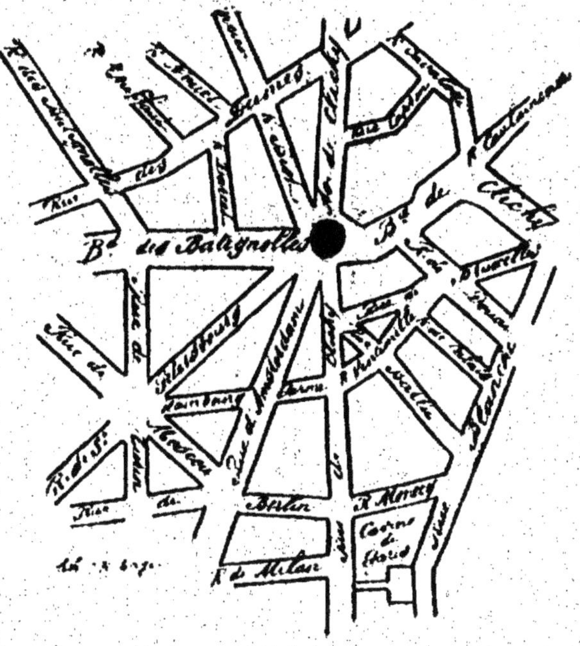

BLANCHE

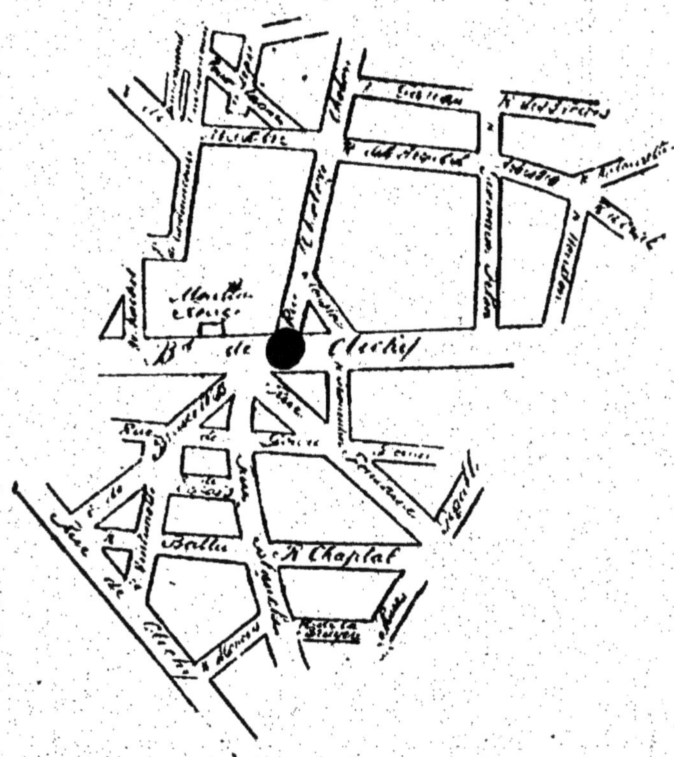

PLACE PIGALLE

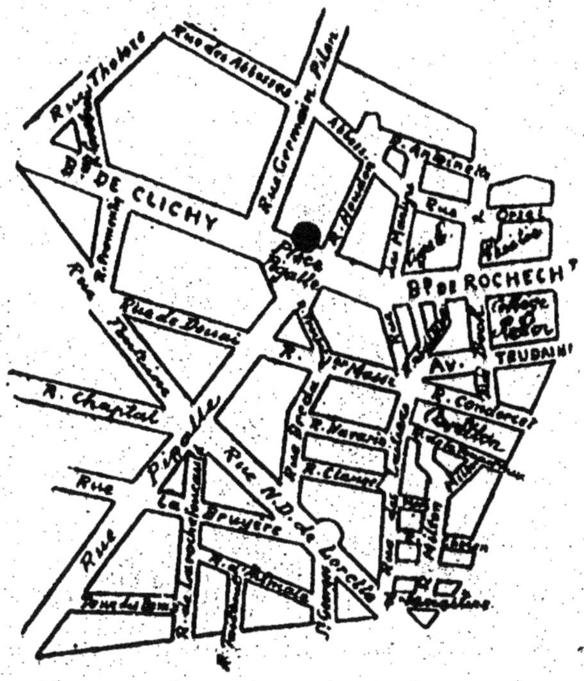

Station. — Sur le terre-plein du boulevard de Clichy, à droite de la place Pigalle en arrivant du centre de Paris.

Rues avoisinantes. — Boulevard de Clichy, rue Pigalle, rue Duperré, rue Germain-Pilon, Impasse de Guelma, passage de l'Elysée-des-Beaux-Arts, rue Houdon, avenue Frochot, rue Frochot.

Tramways et omnibus. — Trocadéro à la Villette, Pigalle-Halle aux Vins.

Station de voitures. — Sur le boulevard de Clichy, côté opposé à la station du Métropolitain.

Mairie. — Du IXe, rue Drouot.

Commissariat de police. — Du quartier St-Georges, rue de la Rochefoucault, 37.

Poste de police. — Rue de La Rochefoucault, 37.

Avertisseur d'incendie. — Sur la place, près des omnibus.

Bureau de poste. — Rue Fontaine-St-Georges, 23.

Monument. — Fontaine au centre de la place.

Théâtres et concerts. — Cabaret du Néant, 34, boulevard de Clichy; Tréteau de Tabarin, 58, rue Pigalle; Comédie Mondaine, 75 *bis*, rue des Martyrs, au coin du boulevard de Clichy

Médecins. —

Pharmaciens. —

Dentistes. —

Hôtels. —

Restaurants. —

Bureaux de tabac.

ANVERS

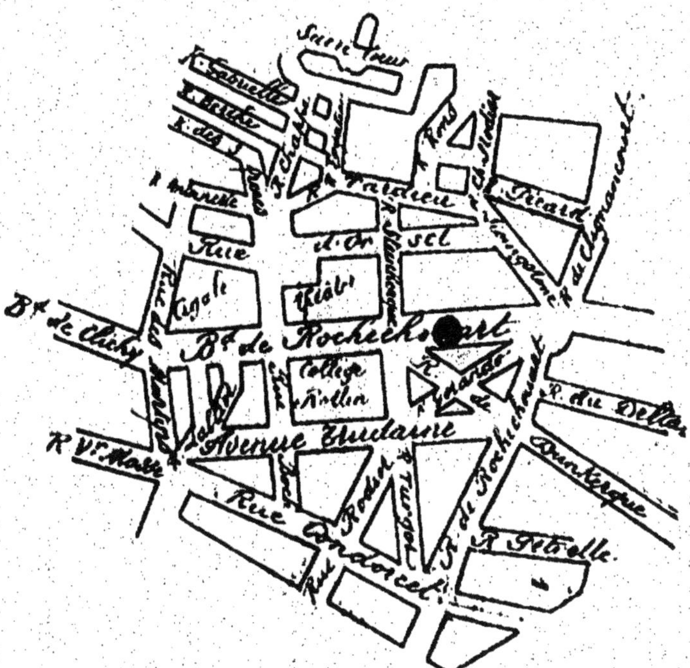

Sacré Cœur
R. Gabrielle
R. Berthe
R. Antoinette
Rue d'Orsel
R. Pétrelle
Cigale
Bd de Clichy
Bd de Rochechouart
Collège Rollin
Avenue Trudaine
R. de Rochechouart
R. du Delta
Dunkerque
Rue Condorcet
R. Turgot
Rue Rodier
R. Picard

BARBÈS

R. Christiani
R. de la Nation
Bd. Barbès
Bd. de Rochechouart
Bd. de la Chapelle
R. du Delta
Rue de Dunkerque
R. de la Goutte d'Or
R. Charbonnière
Maubeuge

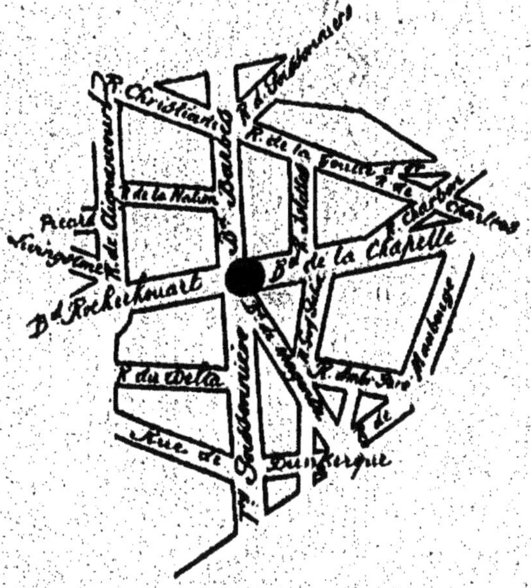

LA CHAPELLE

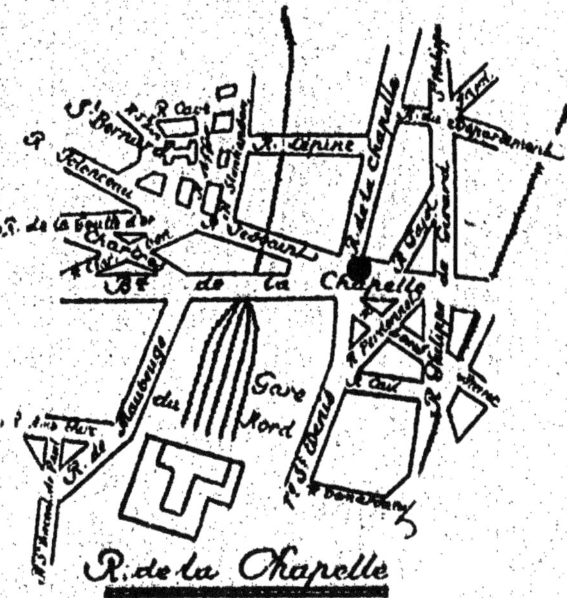

AUBERVILLIERS

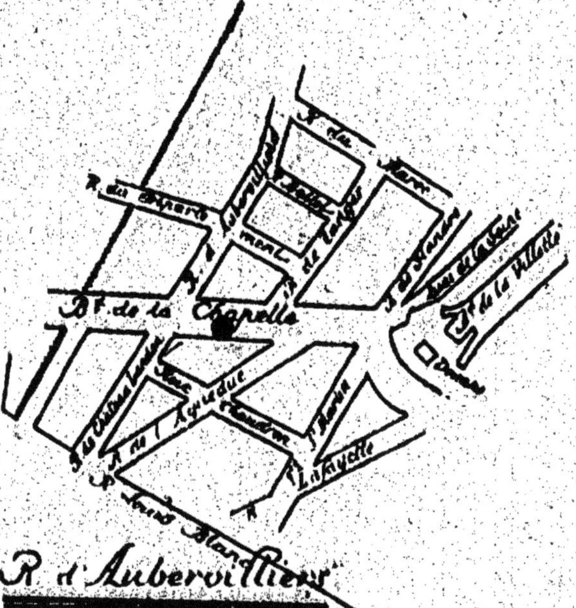

ALLEMAGNE

R de Flandre
Quai de la Seine
Bd de la Villette
Quai de la Loire
Bd de la Chapelle
R d'Allemagne
R de l'Aqueduc
R. de Chaudron
Douane
Martin
St La Fayette
R. Bourel
R. Secrétan
Q de Valmy
Q de Jemmapes
Bd de la Villette
Rue de
R. d. Allemagne

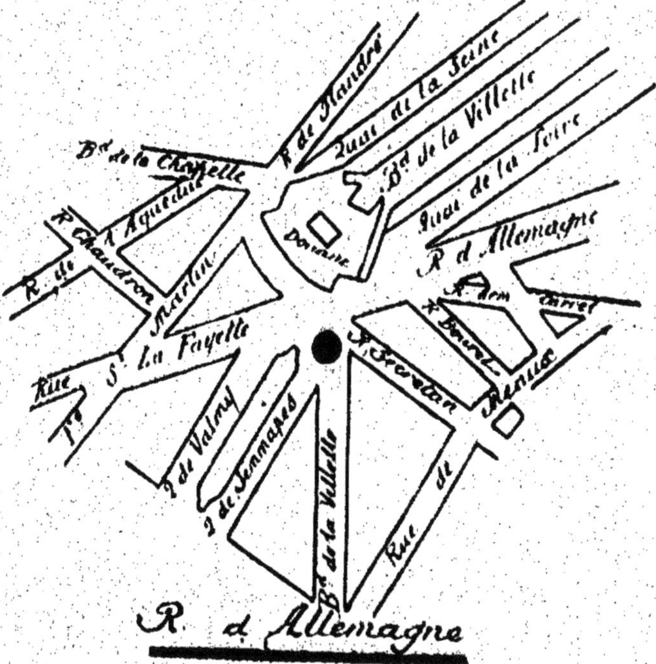

COMBAT

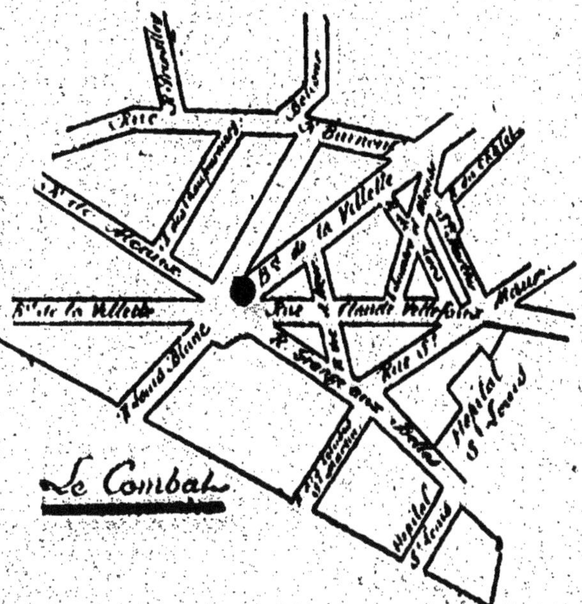

BELLEVILLE

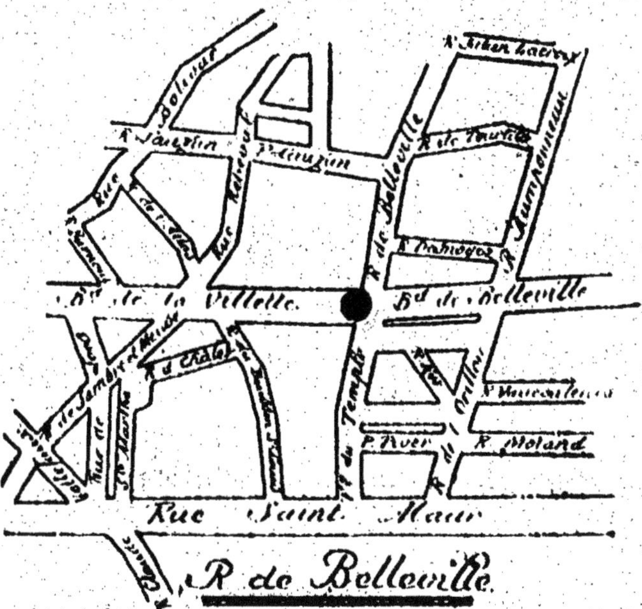

COURONNES

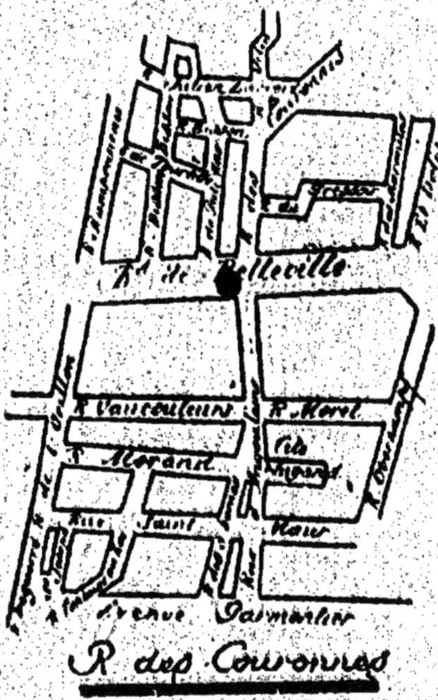

MÉNILMONTANT

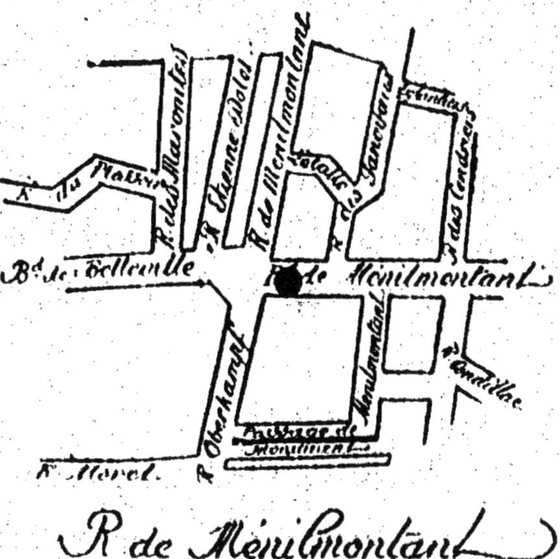

R de Ménilmontant

PÈRE-LACHAISE

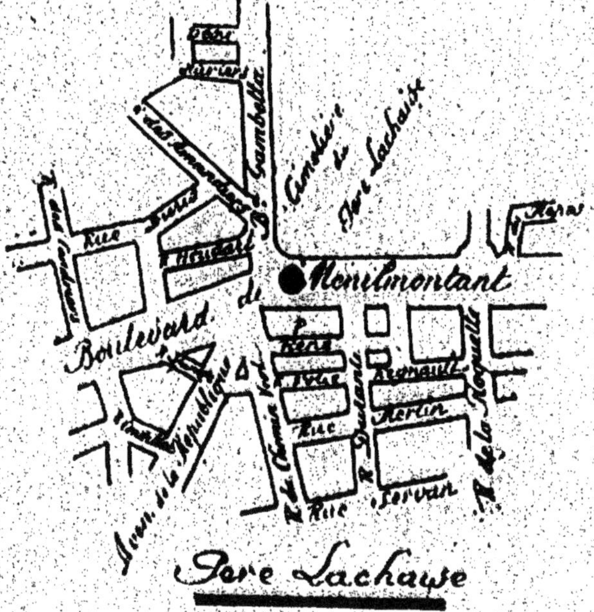

PHILIPPE-AUGUSTE

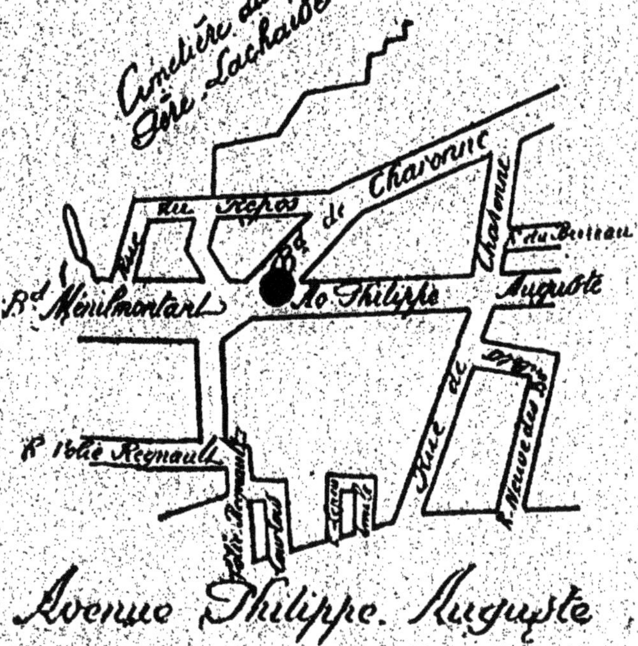

BAGNOLET

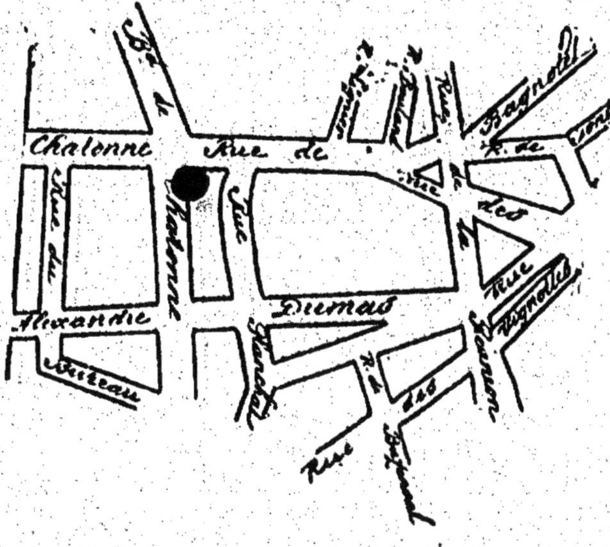

AVRON

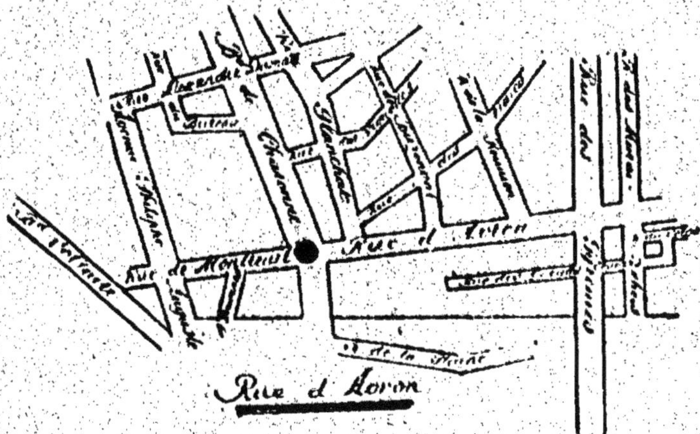

NATION

(Voir page 9.)

Ligne de Villiers à la Place Gambetta

NOMS DES STATIONS

avec la distance entre chacune d'elles et la durée du trajet

Nom des Stations	Distance entre elles	Durée m. s.
Villiers	»	»
Europe	636,65	1 20
Saint-Lazare	435,89	» 80
Caumartin	354,50	» 72
Opéra	332,50	» 67
Quatre-Septembre	431, »	» 85
Bourse	302, »	» 73
Sentier	387,50	» 77
Saint-Denis	390,50	» 80
Arts-et-Métiers	362,00	» 73
Temple	344,00	» 70
République	308, »	» 61
Parmentier	720,68	1 40
Saint-Maur	417, »	» 80
Père-Lachaise	538, »	1 30
Martin-Nadaud	730, »	2 »
Gambetta	232, »	» 40

Distance totale : 6 k. 998 m. — Durée du trajet : Environ 22 minutes

HORAIRE

En semaine :

Départ de la place Gambetta : Toutes les 3 minutes de 5 h. 30 matin à 9 h. 30 matin ; toutes les 4 minutes de 9 h. 30 matin à 2 heures soir ; toutes les 3 minutes de 2 heures soir à 7 h. 30 soir ; toutes les 5 minutes de 7 h. 30 soir à 8 h. 50 soir ; toutes les 6 minutes de 8 h. 50 soir à minuit 30 (dernier départ).

Départs de l'avenue de Villiers : Mêmes départs que ci-dessus.

Dimanches et fêtes :

Départs de la place Gambetta : Toutes les 6 minutes de 5 h. 30 matin à 7 h. 50 matin ; toutes les 4 minutes de 7 h. 50 matin à 11 h. 42 matin ; toutes les 5 minutes de 11 h. 42 matin à 8 heures soir ; toutes les 4 minutes de 8 heures soir à 10 heures soir ; toutes les 4 et 5 minutes de 10 heures soir à minuit 50 (dernier départ).

Départs de l'avenue de Villiers : Mêmes départs que ci-dessus.

PRIX DES PLACES

1re Classe : 0 fr. 25 ; 2e Classe : 0 fr. 15

Le matin, jusqu'à 9 heures, billets d'aller et retour, en 2e classe seulement, valables toute la journée pour le retour : prix : **0 fr. 20.**

VILLIERS

(Voir page 57.)

EUROPE

Bd des Batignolles
Rue de Constantinople
R. d'Edimbourg
Rue de Madrid
Rue de Rome
Rue de Moscou
Berlin
R. de Milan
R. d'Athènes
Rue d'Amsterdam
Rue de Londres
Rue de Vienne
Rue du Rocher

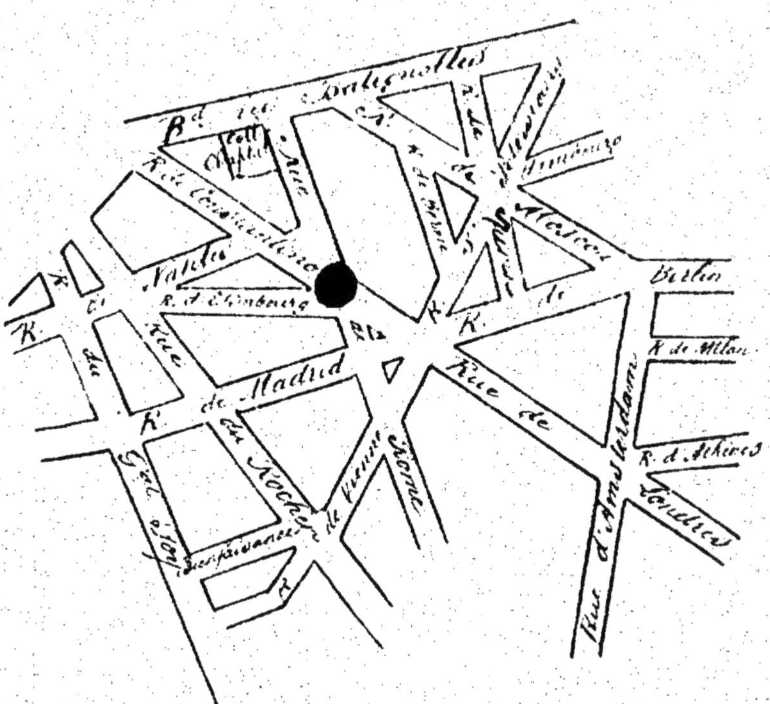

SAINT-LAZARE

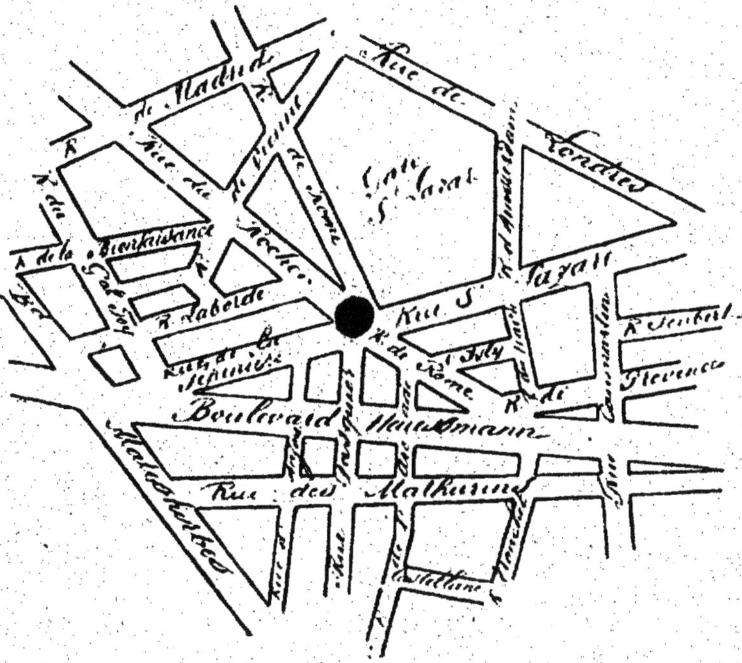

CAUMARTIN

Rue
Lazare
R. Joubert
R. de Provence
Bd
Haussmann
R. des Mathurins
R. Auber
R. Scribe
R. de Rome
Castellane
R. Vignon

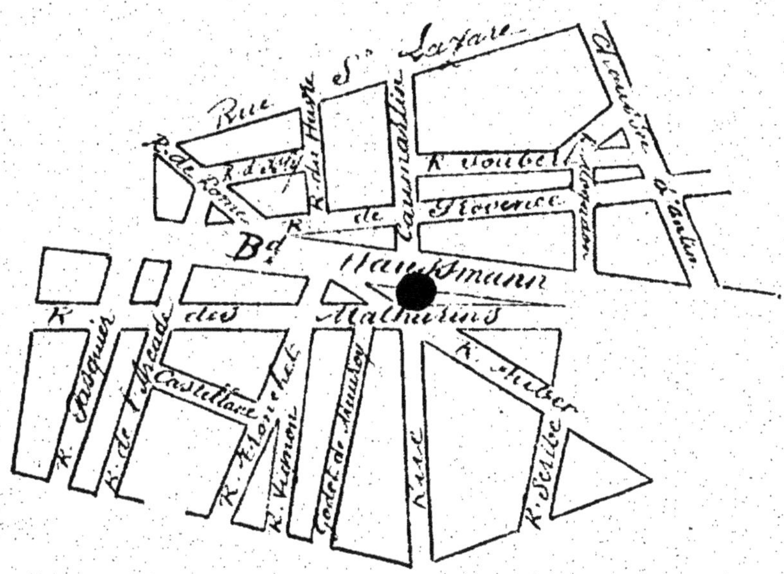

OPÉRA

Bd Haussmann
R. des Mathurins
R. Godot de Mauroy
Rue Caumartin
R. Auber
R. Scribe
Opéra
R. Halévy
Chaussée d'Antin
R. Lafayette
R. Helder
R. Taitbout
Bd Italiens
Bd des Capucines
R. du 4 Septembre
R. St Augustin
Bouffes P.
Bd Madeleine
R. des Capucines
R. Volney
R. Daunou
R. de la Paix
Rue Louis le Grand
Av. de l'Opéra
R. des Petits Champs
R. Cambon

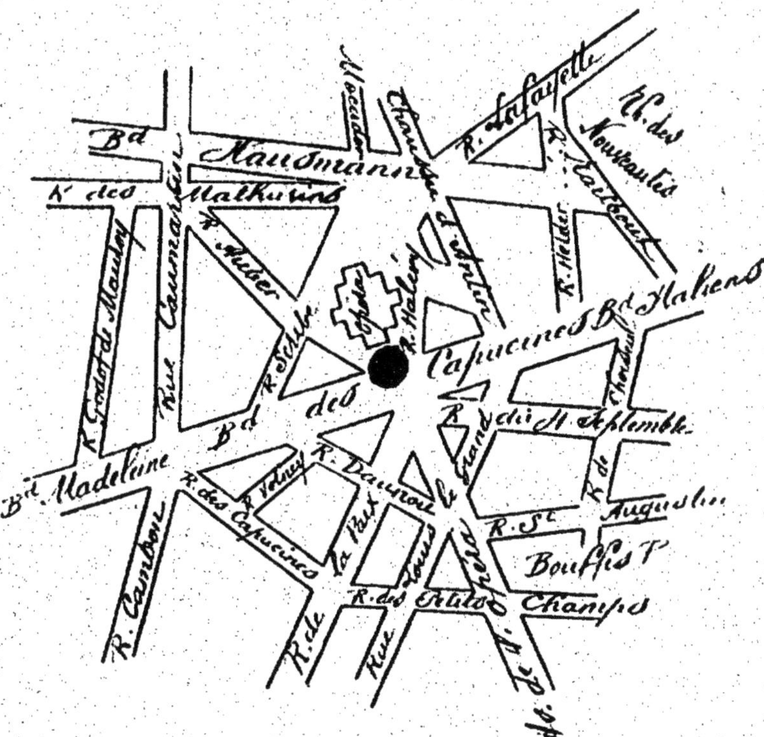

4-SEPTEMBRE

Bd des Capucines
Rue du 4 Septembre
Rue St Augustin
Bouffes Parisiens
Petits Champs

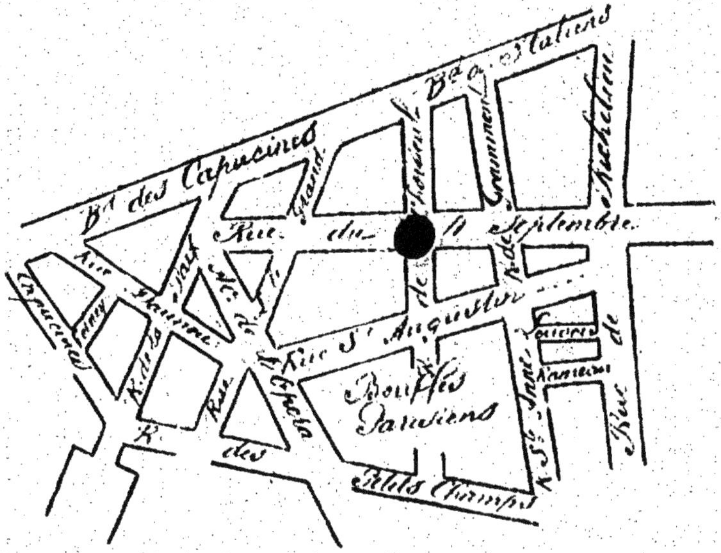

BOURSE

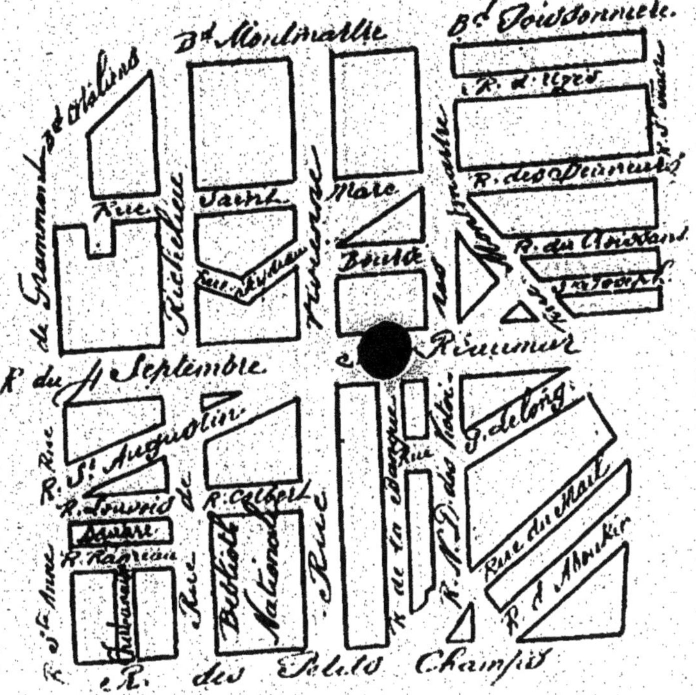

SENTIER

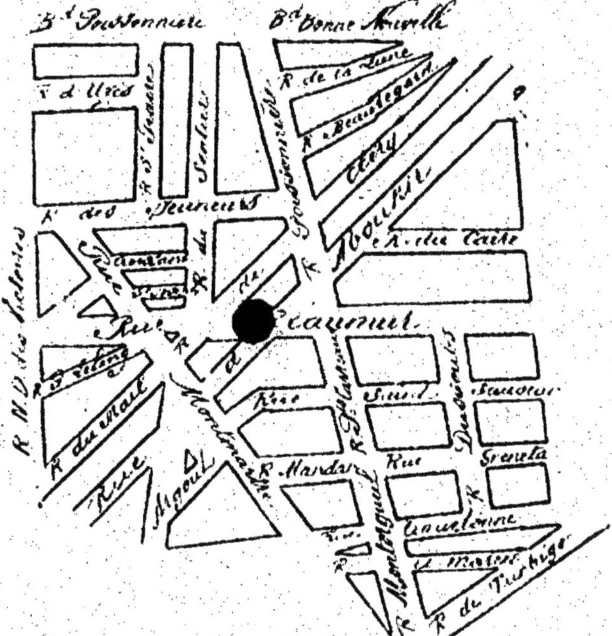

SAINT-DENIS

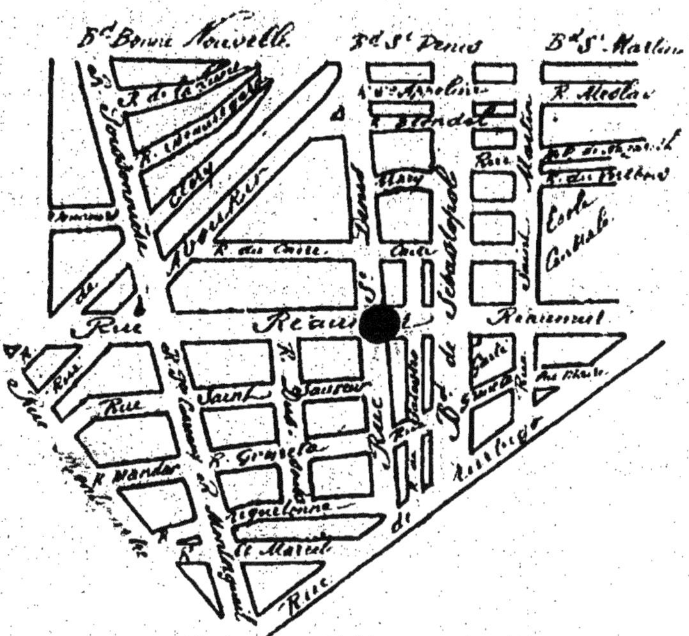

ARTS-ET-MÉTIERS

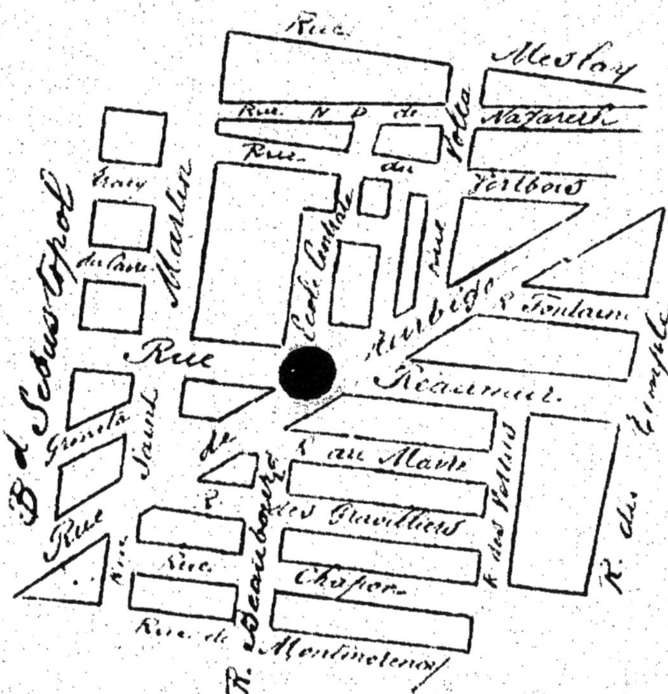

TEMPLE

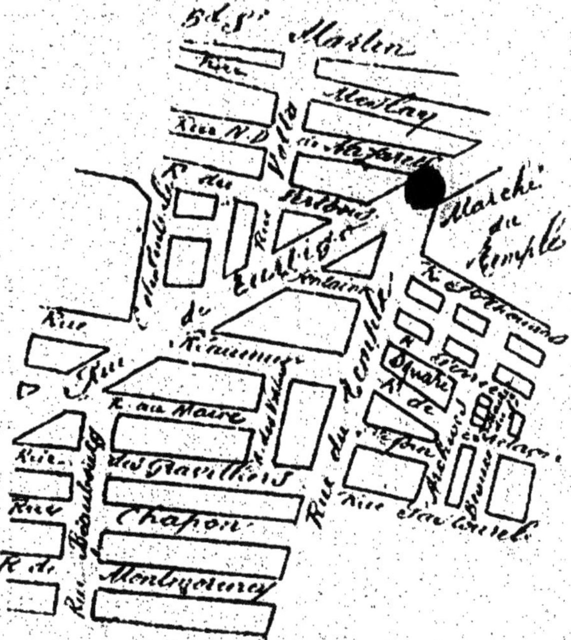

Martin
Meslay
Marché du Temple
Réaumur
R. au Maire
des Gravilliers
Chapon
Montmorency
Rue du Temple
Square

PLACE DE LA RÉPUBLIQUE

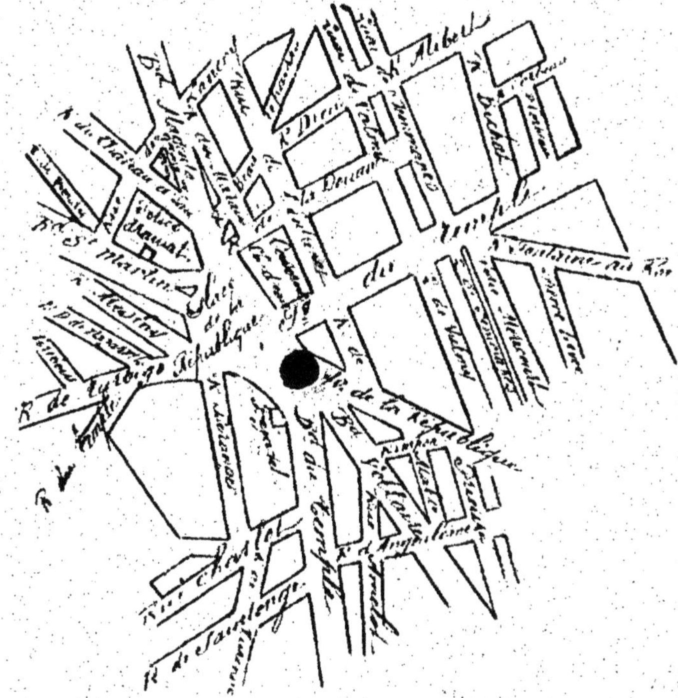

PARMENTIER

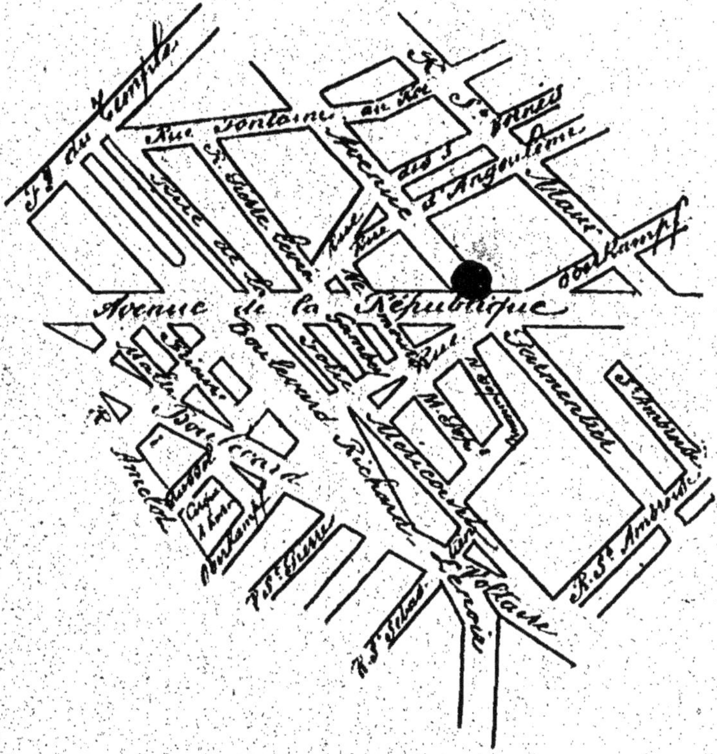

Rue Fontaine au Roi
Avenue de la République
Oberkampf
Parmentier
R. St Ambroise
Boulevard

SAINT-MAUR

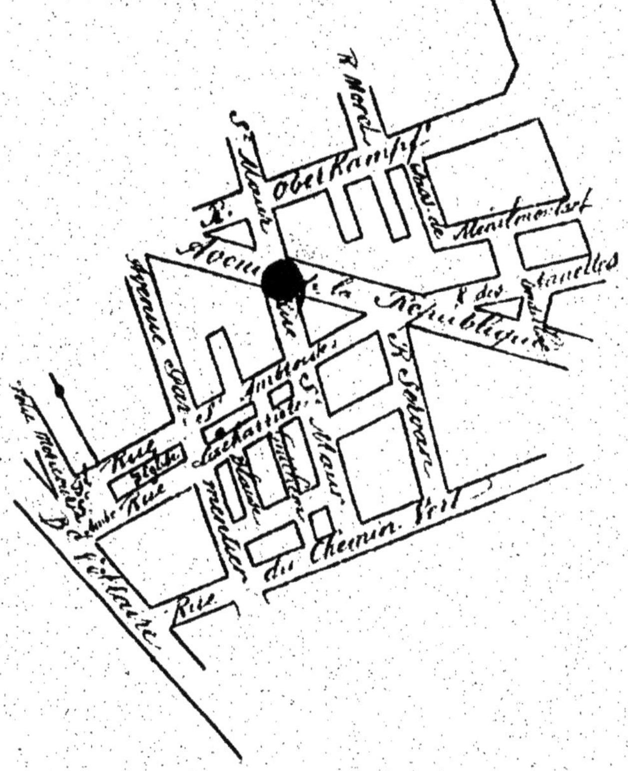

PÈRE-LACHAISE

(Voir page 85).

MARTIN-NADAUD

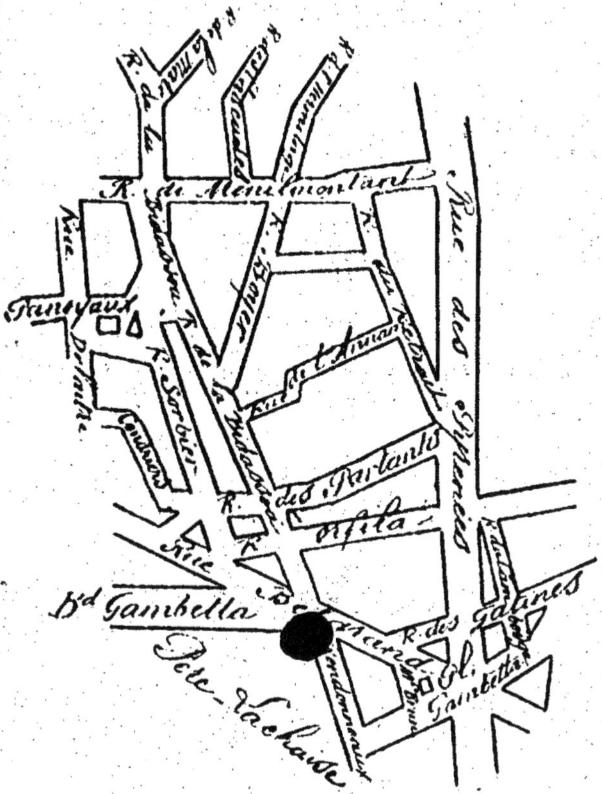

PLACE GAMBETTA

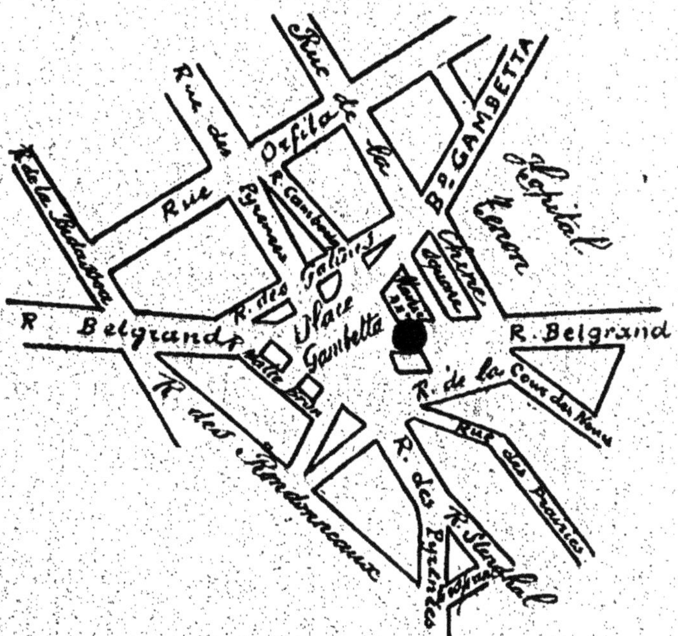

Embarcadère. — Sur la place.

Rues avoisinantes. — Avenue Gambetta; rue des Pyrénées; rue Belgrand; avenue du Père-Lachaise.

Tramways et omnibus. — Ménilmontant-Montparnasse; Vincennes; Saint-Augustin; Opéra à Bagnolet; à Fontenay-s-Bois; à Montreuil; à Noisy-le-Sec; aux Lilas; à Romainville.

Station de voitures. — Sur la place.

Mairie. — Du XXe, place Gambetta, 6.

Commissariat de police. — Du Père-Lachaise, à la Mairie.

Poste de police. — A la Mairie.

Avertisseur d'incendie. — A l'entrée de la Mairie.

Bureau de Poste. — 200, rue des Pyrénées.

Administrations publiques. — Hôpital Tenon, 4, rue de la Chine, derrière la Mairie; Perception, 73, avenue Gambetta.

Médecins. —

Pharmacien. —

Dentiste. —

Sages-Femmes. —

Hôtels. —

Café-Restaurant —

Bureau de tabac. —

Coiffeur. —

Ligne de l'Étoile à Passy

NOMS DES STATIONS

avec la distance entre chacune d'elles et la durée du trajet

Noms des Stations	Distance entre elles	Durée m. s.
Etoile	»	»
Kléber	488,85	2 »
Boissière	488,85	1 »
Trocadéro	450,30	1 15
Passy	739,58	1 50

Distance totale : 2 k. 167 m. — Durée du trajet : Environ 7 minutes

HORAIRE

En semaine :

Départs de l'Etoile : Toutes les 6 minutes de 5 h. 30 matin à 6 heures matin ; toutes les 4 minutes de 6 heures matin à 9 h. 8 matin ; toutes les 6 minutes de 9 h. 8 matin à 2 h. 54 soir ; toutes les 4 minutes de 2 h. 54 soir à 7 h. 38 soir ; toutes les 6 minutes de 7 h. 38 soir à 9 heures soir ; toutes les 8 minutes de 9 heures soir à minuit 44 (dernier départ).

Départs de Passy : Toutes les 6 minutes de 5 h. 33 matin à 6 h. 3 matin ; toutes les 4 minutes de 6 h. 3 matin à 9 h. 16 matin ; toutes les 6 minutes de 9 h. 16 matin à 2 h. 57 soir ; toutes les 4 minutes de 2 h. 57 soir à 7 h. 46 soir ; toutes les 6 minutes de 7 h. 46 soir à 9 h. 9 soir ; toutes les 8 minutes de 9 h. 9 soir à minuit 44 (dernier départ).

Dimanches et Fêtes :

Départs de l'Etoile : Toutes les 8 minutes de 5 h. 30 matin à 7 h. 54 matin ; toutes les 6 minutes de 7 h. 54 matin à 11 h. 24 matin ; toutes les 4 minutes de 11 h. 24 matin à 7 h. 20 soir ; toutes les 6 minutes de 7 h. 20 soir à minuit 44 (dernier départ).

Départs de Passy : Toutes les 8 minutes de 5 h. 30 matin à 7 h. 54 matin ; toutes les 6 minutes de 7 h. 54 matin à 11 h. 15 matin ; toutes les 4 minutes de 11 h. 15 matin à 7 h. 28 soir ; toutes les 6 minutes de 7 h. 28 soir à minuit 43 (dernier départ).

PRIX DES PLACES

1re Classe : 0 fr. 25 ; 2e Classe : 0 fr. 15.

Le matin, jusqu'à 9 heures, billets d'aller et retour, en 2e classe seulement, valables toute la journée pour le retour ; prix : **0 fr. 20.**

PLACE DE L'ÉTOILE

(Voir page 37)

KLÉBER

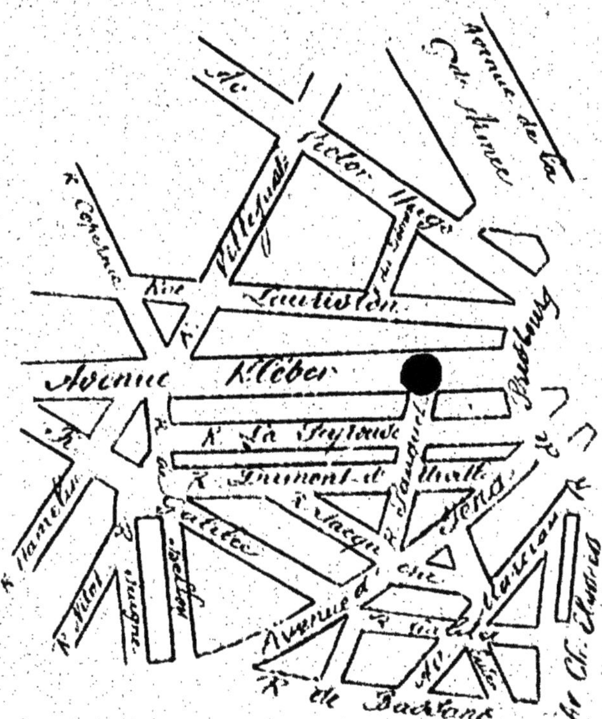

BOISSIÈRE

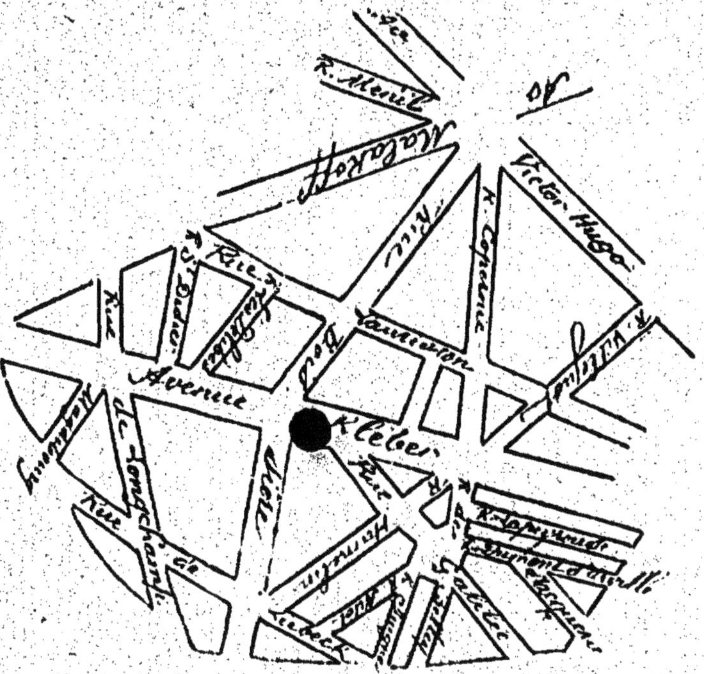

Malakoff
Victor Hugo
R. Copernic
Rue
Lauriston
Avenue
Kleber
de Longchamp
Rue
Galilée

TROCADERO

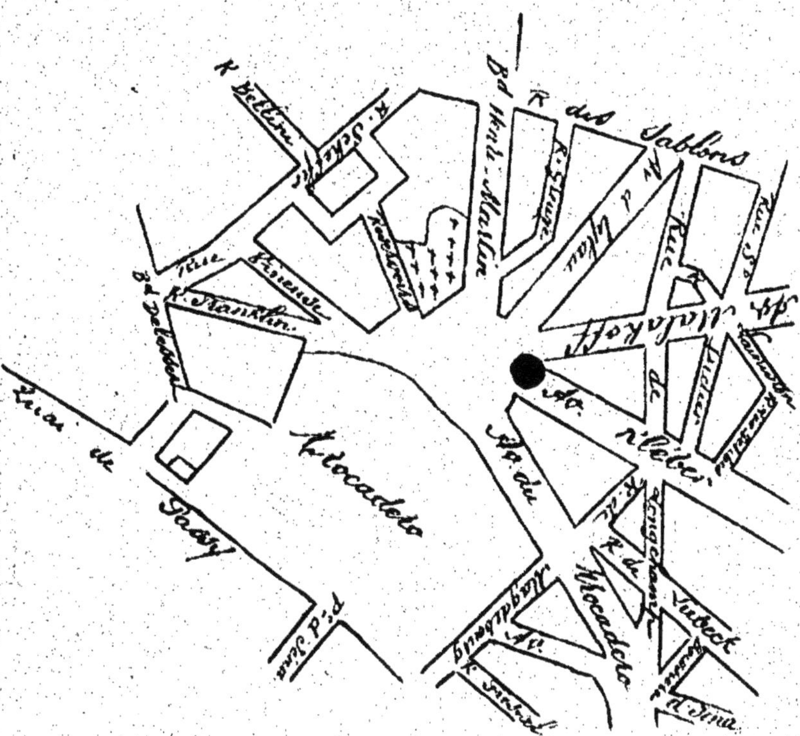

PASSY

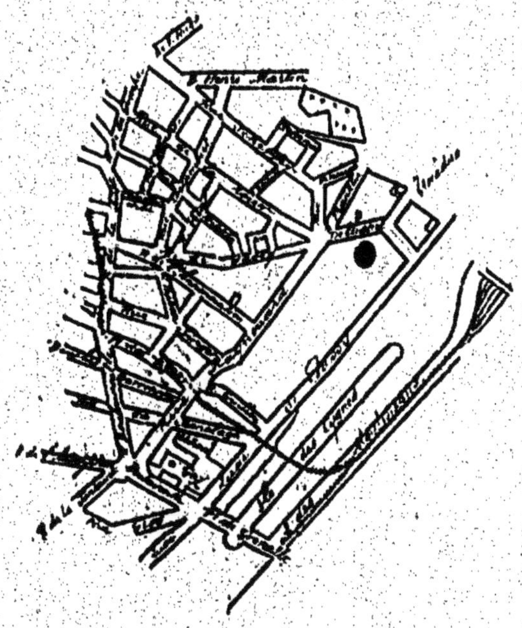

Embarcadère. — Rue Alboni, au-dessus des escaliers (en viaduc).

Rues avoisinantes. — Rues Renouard, rue de Passy, rue de la Tour, rue Franklin, boulevard Delessert, quai de Passy, quai de Grenelle, quai d'Orsay.

Chemin de fer. — Gare du Champ-de-Mars, sur l'autre rive.

Tramways et omnibus. — Louvre à Billancourt, Sèvres, Versailles; Louvre à Boulogne et à Saint-Cloud, Hôtel-de-Ville-Passy; Montreuil, Boulogne R.G. Bateaux Parisiens, Louvre-Suresnes.

Mairie. — Du XVIe, 71, avenue Henri-Martin.

Commissariat de police. — De la Muette, 19, rue Eugène-Delacroix.

Poste de police. — A la Mairie.

Avertisseur d'incendie. — Rue de la Tour; boulevard Delessert, 14.

Bureau de poste. — Place du Trocadéro, 2.

Monuments. — Tour Eiffel, sur le Champ-de-Mars.

Médecin. —

Pharmacien. —

Hôtels. —

Cafés-Restaurants. —

Bureau de tabac. —

Modes. —

IMPRIMERIE MODERNE
19, RUE DES BONS-ENFANTS, 19
PARIS (1er)

IMPRIMERIE MODERNE,
10, R. BONS-ENFANTS

www.ingramcontent.com/pod-product-compliance
Ingram Content Group UK Ltd.
Pitfield, Milton Keynes, MK11 3LW, UK
UKHW020256250726
13967UKWH00004B/1720

9 782012 951303